老龄产品开发设计

汪晓春　纪　阳　曹玉青　编著

北京理工大学出版社
BEIJING INSTITUTE OF TECHNOLOGY PRESS

版权专有 侵权必究

图书在版编目（CIP）数据

老龄产品开发设计 / 汪晓春，纪阳，曹玉青编著. —北京：北京理工大学出版社，2014.5（2021.8重印）
ISBN 978-7-5640-9072-2

Ⅰ. ①老… Ⅱ. ①汪…②纪…③曹… Ⅲ. ①老年人-产品开发②老年人-产品设计 Ⅳ. ①TB472

中国版本图书馆 CIP 数据核字（2014）第 068614 号

出版发行 / 北京理工大学出版社有限责任公司	
社　　址 / 北京市海淀区中关村南大街 5 号	
邮　　编 / 100081	
电　　话 / （010）68914775（总编室）	
82562903（教材售后服务热线）	
68948351（其他图书服务热线）	
网　　址 / http：//www.bitpress.com.cn	
经　　销 / 全国各地新华书店	
印　　刷 / 北京虎彩文化传播有限公司	
开　　本 / 710 毫米 × 1000 毫米　1/16	
印　　张 / 18.25	责任编辑 / 施胜娟
字　　数 / 293 千字	文稿编辑 / 施胜娟
版　　次 / 2014 年 5 月第 1 版　2021 年 8 月第 2 次印刷	责任校对 / 周瑞红
定　　价 / 88.00 元	责任印制 / 王美丽

图书出现印装质量问题，请拨打售后服务热线，本社负责调换

序

社会的发展和进步一方面为设计提供了新的机遇；另一方面也不断地向设计提出新的挑战。不同的时期，要求有不同的方法和手段去满足不同人群的不同需求。

亨利·德雷福斯通过大量的人体测量数据，从人机工学的角度让现代设计开始有了重要的理论依据和方法，真正地从使用者和用户的角度为人服务。德雷福斯的《为人的设计》突破了早期工业设计偏重于对现代商品的造型、结构、材料等器物属性的研究和实践。应该说20世纪三四十年代的美国作为当时最具活力的新兴消费市场，从宏观上为亨利·德雷福斯的"为人设计"的思想提供了重要的社会基础；或者说亨利·德雷福斯很好地满足了社会大众，尤其是当时的城市中产阶级的广泛生活需求。随着经济的发展和社会的进步，人们已经不再仅仅满足于商品的物理和功能属性的合理性，心理和情感的需求被广泛关注。若干年后的80年代里，唐纳德·诺曼的设计心理学和情感化设计理念把传统偏重于人体测量的人机工学推向了一个从生理、心理，甚至文化和社会的人因工程研究。

可以说亨利·德雷福斯和唐纳德·诺曼都是人因工程研究在不同时期的重要代表人物，他们的思想在让设计更好地服务于用户和人的角度是一脉相承的。如果非要找到他们之间的不同之处，我个人认为区别不仅仅在于后者从全人的角度丰富了人因工程的理论和实践领域，他们之间真正的区别或许在于二者所处时代大背景下的核心价值理念的差异。亨利·德雷福斯的思想形成的年代是一个典型的手段和效率至上的现代社会，而诺曼的时代则是社会广泛反思现代功能主义的后现代时期，这一时期人们对意义或者说幸福感的关注远远超出了对生存手段的关注。诺曼从心理和情感方面对人的关注虽然还侧重于人的个体需求，但是不可否认他关注的个体是社会个体。

后现代时期对人与社会整体和谐的价值追求，不仅仅导致了设计准则的变化，也从根本上拓宽了设计实践的领域，丰富了设计方法。随着科技的进步、经济的发展和全球范围的相对和平、稳定，需求层次的不断提高，新的社会问题也在不断地涌现，新的关注点也在不断地变化，可持续已经取代丰富生活手段成为新的重要设计准则。如何应对老龄化危机已经取代延长寿命成为很多社会群体新的挑战。这一切都为发展新的设计方法提出了迫切的要求。

虽然我国地区发展不平衡，尚有不少地区的人们还在为生存而努力，但是老龄化的趋势和庞大的人口基数的确是国家和我们每一个公民不得不面临的迫切问题。可喜的是，不少设计教育工作者和设计师开始把这些新的社会问题作为自己研究和从业的新的关注点。由于设计本体的变化，为老年人设计的方法和工具还相对不完整。汪晓春副教授和纪阳教授的《老龄产品开发设计》适时地填补了国内这一领域研究的空白，也是设计师影响力和社会责任不断扩大的反映。书中对老年产品设计理论与方法的介绍，从"衣、食、住、行、医、娱乐"等角度对为老年人设计的案例的分享让我们为老年群体服务提供了很好的理论依据和方法支撑。其中的"医"和"娱乐"更是在科技和社会取得巨大进步的今天让不少老年人无所适从的领域，成为新型弱势群体的重要方面，值得广大设计师关注。

我和汪晓春副教授认识从他到辛辛那提大学高访时开始，算算也有七八年了。辛辛那提大学 Craig Vogel 教授从 2005 年就成立了专门的研究机构——Livewell Collaborative，把他个人多年的设计方法研究的成果很好地应用在了解决老年人问题的产品和服务的开发上了。这次汪晓春副教授和同事合作研究的成果，可以清晰地看到 Vogel 教授对他的影响。欣喜的是，他在 Vogel 教授研究成果的基础上，通过和纪阳教授"中芬基于 Living Lab 的智慧设计创新网络平台研发与应用示范"科研项目的合作，拓展了他的研究领域，为丰富设计方法做出了重要的贡献。

虽然把汪晓春副教授的《老龄产品开发设计》与德雷福斯的《为人的设计》和诺曼的《设计心理学》相提并论或许还不合适，但是从这些理论和方法的发展中我们或许可以清楚地看到社会的进步赋了设计在不同时期的不同挑战、机遇和责任。每个时代都有它自己的问题，也需要有解决这些问题的合适的方法。《老龄产品开发设计》不仅仅是他个人和团队努力的成果，也为更多的关注这一方面问题的设计师和研究人员提供了很好的参考和借鉴。

辛向阳

（辛向阳：江南大学设计学院院长，教授、博士生导师）

前　　言

当今社会已进入老龄化社会是个不争的事实，这不仅是我们国家所面临的问题，也是目前全球所面临的一个问题。市场上的老龄产品奇缺，老龄产业在中国也是刚刚起步。

北京邮电大学的纪阳教授热爱哲学和工业设计，虽然是通信专业的教授，但是他对设计的热爱时常让从事工业设计教学和科研的我备感压力。纪教授对于老龄社会保持着持续关注，并发起了本书的编著。在编著过程中，纪教授多次参与校稿和讨论，和他合作时时让我有自己的专业在不断提升的感觉。

本书从构思到收集素材再到最后统稿，耗时一年多。编著者在编写之前，调研发现国内图书市场上目前没有一本关于老龄产品设计开发的书。调研得到的结果也让我们觉得更有必要把这本书写好，但同时对写作所需要的老龄产品设计案例的匮乏感到忧虑。所以在本书策划、立项和写作的整个过程中，编著者不断寻求老龄研究的合作伙伴，也逐步凝聚和团结了国内一批做老龄产品的专家和学者，这也算是编著这本书的一个意外收获吧。

编著本书的时候，编著者试图把本书也当成一个老龄产品，希望该书是大家有用的、好阅读的并且渴望拥有的。在写作过程中，也是尝试运用 Living Lab 的协同创新思想，邀请了各种不同背景的人包括老年人来参与写作。最后大家一致认为应该把该书定义为一本对老龄产品开发设计有指导意义的工具书，并且在书籍设计上尽可能考虑到老年人的阅读要求。

本书共 9 章，第 1 章主要对老龄社会的背景进行了介绍，第 2 章是以设计方法的角度对老龄产品的设计开发做了方法层面的梳理，第 3 章到第 8 章分别从老年人的衣、食、住、行、医、娱乐等角度对老龄产品做了梳理，第 9 章对老龄产品的未来做了展望以及对商业模式做了论述。在每章末设置了参考文献以及延伸阅读，希望读者可以通过本书获得更多资讯。

本书得到了各方面的支持才得以最终出版，在此要感谢的人很多。感谢老少联组织的负责人周舒欣和燕磊、国家康复辅具中心的李剑、北京工业设计促进中心的刘莉、广东永爱养老产业有限公司的王博、北京太阳城国际老年公寓的相关负责人、北京市营养源研究所的刘静、北京掌中宽途科技有限公司的章奎、深圳嘉兰图设计有限公司的廖大伟、六维空间设计顾问公司的廖志文等人提供部分产品设计案例的素材或对案例文档的编写。本书最后所有附录由本人和曹玉青整理，北京邮电大学的研究生郭帅、王陆军、郭倩雯、黄冰玉等参与了书中案例的写作。

尽管在编写过程中，我们力求逻辑严谨、内容充实、形式活泼，但疏漏之处在所难免，希望广大读者指正，并提出修改意见，以便在再版时加以提高。

最后感谢纪阳教授所主持的"中芬基于 Living Lab 的智慧设计创新网络平台研发与应用示范"项目对该书出版的资助，以及北京理工大学出版社在整个编写过程中所给予的信任和支持。

汪晓春
2014 年 5 月 15 日

目 录

第1章 老年社会所面临的问题 (1)
1.1 大众谈 (1)
1.2 前言 (9)
1.3 中国人口老龄化现状 (13)
1.4 全球人口老龄化现状 (19)
1.5 人口老龄化与老年人的特点 (23)
1.6 遭受人口老龄化第一次浪潮的日本 (29)
1.7 结语 (34)
1.8 参考文献 (34)
1.9 延伸阅读 (34)

第2章 老龄产品设计理论与方法 (37)
2.1 老龄产品设计与情感化设计 (38)
2.2 老龄产品设计与包容性设计和通用设计 (42)
2.3 老龄产品设计与 Living Lab 创新模式 (48)
2.4 结语 (55)
2.5 参考文献 (56)
2.6 延伸阅读 (57)

第3章 老龄产品设计之"衣" (59)
3.1 问题 (59)
3.2 案例一:Smart Clothing (63)
3.3 其他案例 (68)
3.4 结语 (72)
3.5 参考文献 (72)
3.6 延伸阅读 (73)

第 4 章　老龄产品设计之"食" (76)
- 4.1　问题 (76)
- 4.2　案例一：雀巢公司优麦中老年配方麦片 (80)
- 4.3　案例二：老龄"助食筷" (86)
- 4.4　其他案例 (90)
- 4.5　结语 (99)
- 4.6　参考文献 (100)
- 4.7　延伸阅读 (101)

第 5 章　老龄产品设计之"住" (104)
- 5.1　问题 (104)
- 5.2　案例一：太阳园老龄地产的产品和服务开发 (108)
- 5.3　案例二：羊坊店社区养老服务平台及服务设计案例 (117)
- 5.4　其他案例 (123)
- 5.5　结语 (130)
- 5.6　参考文献 (130)
- 5.7　扩展阅读 (131)

第 6 章　老龄产品设计之"行" (136)
- 6.1　问题 (136)
- 6.2　案例一：针对老年人旅游的服务设计——"老年人专列" (137)
- 6.3　案例二：无顶鞋 Topless Shoes (144)
- 6.4　其他案例 (148)
- 6.5　结语 (157)
- 6.6　参考文献 (157)
- 6.7　延伸阅读 (158)

第 7 章　老龄产品设计之"医" (160)
- 7.1　问题 (160)
- 7.2　案例一：身体是一个 API——与健康和健身有关的几款小工具 (161)
- 7.3　案例二：智能电子药盒 (166)
- 7.4　其他案例 (177)

7.5　结语 (182)
7.6　参考文献 (183)
7.7　延伸阅读 (184)

第8章　老龄产品设计之"其他" (187)

8.1　问题 (187)
8.2　案例一：东京老人街"巢鸭地藏通商店街" (190)
8.3　案例二：老人手机 (195)
8.4　其他案例 (201)
8.5　结语 (211)
8.6　参考文献 (212)
8.7　延伸阅读 (213)

第9章　展望 (216)

9.1　未来的老龄产品和服务 (216)
9.2　老龄产业的希望——老龄产业商业模式探索 (220)
9.3　参考文献 (232)
9.4　延伸阅读 (233)

附录1　与老年人相关的机构、组织 (235)
附录2　老少联大学生公益组织 (253)
附录3　老年人手机可用性测试报告 (264)
附录4　十大可帮助老年人的高科技产品 (274)

第1章 老年社会所面临的问题

1.1 大众谈

郭奶奶

编号：1

姓名：郭奶奶　　性别：女　　年龄：62岁

孙子出生四个月的时候，为了能够照顾他，我和老伴儿从河南老家来到北京。我们几乎每天都出来晒晒太阳。年纪大了，腿脚和腰都不太方便，我们现在住在五楼没有电梯。上楼梯的时候是一个人搬着婴儿车，孩子坐在里边，既不方便又很累。今天出门忘了带小板凳，所以只能蹲着或站着了。

编号：2
姓名：金奶奶　　性别：女　　年龄：76岁

　　我骑自行车时不小心把腿摔伤了，现在出门需要带轮椅，累的时候就坐一下，走路的时候也可以当拐杖用。我信奉佛教，认为事情都是有缘分的。头上的帽子是朋友的女儿给我织的，因为我的耳朵容易冻伤，戴上帽子很暖和。之所以里面还戴顶遮阳帽，是因为我有近视眼，有帽檐可以挡光线，让眼睛舒服些。平时这一片有好多老人过来玩儿，他们都会来这儿找我，我在这里住了二十多年，因此和大家都很熟，而且每天我都会来，即便是一个人。

金奶奶

编号：3
姓名：陈奶奶　　性别：女　　年龄：85岁

　　我老家住在湖北荆州，那里冬天没有集体供暖，又冷又潮使我的腿经常疼。北京冬天室内很暖和，于是孙女把我接到了北京，每年天冷了的时候我就过来，待到来年春天。年轻的时候吃过很多苦，把孙子孙女们带大，因此他们很孝顺我，也是因为有共产党的领导，现在生活好了，吃穿用都很富裕，感觉非常幸福。

陈奶奶

老人在天桥下剃头

编号：4

姓名：天桥下的剃头匠　　性别：男

年龄：56 岁

这里生意挺好的，尤其是天气好的时候，大家不来剃头发也会过来看看或者聊聊天。来这里的人几乎都是年纪大的，偶尔也会有小伙子过来。他们来这里主要是因为价钱便宜，年前这里剃一次头发4元钱，年后才涨到5元。而在一般店里至少都要15元。现在的理发店都装修得很时髦，理发师也都是年轻人。老年人去那种地方很别扭、不自在，并且感觉麻烦。在这里我们就用简单的剃子和梳子，一会儿就理完了。

老人在天桥下娱乐

编号：5

姓名：张爷爷　　性别：男　　年龄：70 岁

以前我是这个地方的老居民，每天都会来天桥这儿和大家聊天、下棋、打牌，天气不好的时候也会来，下雨的话就待在天桥底下，淋不着，可以说是风雨无阻。现在我跟女儿搬到了大通苑，坐公交需要一个小时，但是我还是会每天来这边，因为习惯了，坐公交挺方便的，620路就能直达，而且这个时间不会堵车。大家都习惯来这里了，周围这些旧旧的桌椅板凳，都是大家平时积攒的，还有好多是自己做的，放在这里供大家来的时候用。

编号：6
姓名：郑奶奶　　性别：女　　年龄：70岁

　　家里只有我们老两口，喜欢养小宠物，以前养过一只小猫咪，现在是一只吉娃娃，它已经有7岁了，非常听话。它为我们的生活增添了很多乐趣。只是出门的时候带着它不方便，尤其是不能乘坐公共交通工具，我们一般都是开车出去才带着它。

郑奶奶

编号：7
姓名：王奶奶　　性别：女　　年龄：64岁

　　我平日喜欢唱歌、跳舞，现在想学电脑来充实自己的生活。但是如何下载视频什么的都不会，所以想多学学。希望有一本专门教老年人的电脑教材，这样我就不用担心记不住了。

王奶奶

编号：8
姓名：丁爷爷　　性别：男　　年龄：74岁

　　一年四季我们都不愿意带包，习惯把各种证件、卡、现金一并装在口袋中，我希望有个可以方便放在衣服口袋中的包。

丁爷爷

第1章　老年社会所面临的问题　5

靳奶奶

编号：9

姓名：靳奶奶　　性别：女　　年龄：78岁

我家的豆浆机电源接头不好，工作时经常因为震动脱开。

新发地卖菜计价经常有错，希望有明确指示的计价器，使老年人买菜买得明明白白。

杨奶奶

编号：10

姓名：杨奶奶　　性别：女　　年龄：73岁

我已经步入老年人行列，吃穿都不愁。只是希望得到精神上的帮助，多学些关于精神上的哲理、意识方面的警言，帮助我在遇到一些不愉快的事情时调整自己的心态。

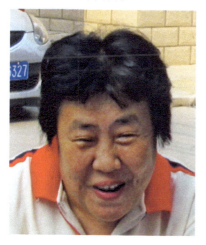

陈奶奶

编号：11

姓名：陈奶奶　　性别：女　　年龄：68岁

"功成身退，回归生活"，退休时间不长，乐于接受新事物，对生活质量有所要求，还是希望越来越好，毕竟还算年轻。

作为普通的退休职工，经济的主要来源就是退休工资，虽然不是很高，但是生活质量也能够保障。平时没事儿就会和街坊邻居见面聊聊天，这时候最喜欢去的就是小区里的健身器材那儿。虽然现在年纪还不算大，但是挺担心自己以后生活不能自理，担心养老问题。

现在视力、记忆力开始有些下降了，睡眠质量也不太高，一般都要到晚上十点之后才会上床。

编号：12

姓名：王兰英　　性别：女　　年龄：82岁

"知足就是福"，我现在和女儿、外孙住在一起，生活比较简单，平时就是和邻居们唠唠嗑、看电视、读报纸，有精力时喜欢养些花和宠物，也能解个闷儿。也不指望自己能学到什么新东西，很满意目前的生活，知足挺好的。

我一般都是上午出去走走，到健身器材那儿，因为那边既可以锻炼身体，还有很多老人。年纪稍微大了之后，腿脚就不太好使，身体虽然硬朗，但是比较担心看病就医什么的，希望就医方便些。

王兰英奶奶

编号：13

姓名：田国元　　性别：男　　年龄：82岁

子女已经在国外定居，现在就剩老两口住在一起。退休这么多年，我总结出了老年人生活就应该多活动、自找乐趣。以前身体很不好，患有糖尿病和高血压，退休之后非常关心健康，主动去听健康讲座，并热心向大家推广健康知识。现在每天我都要走一万步，因此身体非常好，精神头也很高，各项指标都正常了。2005年还被评为北京市健康老人。

我手里的这两个铁球并不是一般市面上卖的健身球，它们是我退休时，为了留纪念，在厂里拿的两个铁块，经简单处理后我就每天把它带在手上，现在已经被磨得几乎成了标准的球形了。

田国元爷爷

第1章 老年社会所面临的问题　7

乐翠英奶奶

编号：14

姓名：乐翠英　　性别：女　　年龄：78岁

　　我非常喜欢绘画，可以说这是我一生的爱好。以前我会省下生活费去买材料、去看展览，别人都认为不可思议，家里人也不是很支持。后来从事财会工作，为了专心绘画便提前退休了。好多年过去了，虽然我是业余画家，但是多次参与国际交流。现在我还在社区开设书法绘画班，义务教老人习画，家里人也很支持我。

苏守国爷爷

编号：15

姓名：苏守国　　性别：男　　年龄：79岁

　　我以前的工作和机械电子有关，因此会修一些普通家电，看到邻居家有东西坏了拿到维修点儿修，既贵又不好，我就义务帮大家修一下，反正平时在家也没事儿，帮助别人感觉很高兴。

　　我喜欢钻研电子产品，像手机这些，除了打电话、发短信，我还会看看它还有什么其他功能。现在出去散步，我就带着我的迷你收音机，它既可以听音乐还能听广播，我耳朵有些重听，它外放效果很好，也很便携，后来还专门给妻子买了一个。

编号：16
姓名：张永进　　性别：男　　年龄：72 岁

　　我的退休生活比较简单，没什么特殊爱好。后来在田国元、苏守国等的影响下，现在也非常活跃，感觉生活中还是有很多乐趣的。我手里的这张银行存折是我刚参加工作的时候办的，那时候一个月的工资只有几十元钱，非常少。后来好多人想买我的这张老存折，我都舍不得卖。看到它我就想起过去的不容易，感觉现在的生活非常好，也算是忆苦思甜吧。

张永进爷爷

编号：17
姓名：宋雅珍　　性别：女　　年龄：73 岁

　　我喜欢吹口琴，年轻时偷偷学习，是因当时家中不允许女孩子学习口琴。毕业时，同学送给我一个口琴，保留至今。一是因为自己感兴趣；二是因为这是同学情谊的见证。现在经常参与社区老人歌唱团，偶尔也上去表演一下。

宋雅珍奶奶

编号：18
姓名：闫福山　　性别：男　　年龄：70 岁

　　现在退休了，有闲有钱了，就非常喜欢出去旅游，每年都会去很多地方。旅游过程中喜欢拍照纪念。有时参加社区里组织的活动，有时参加旅行社，还经常上旅游论坛逛逛，看看都有什么活动。我在田老的影响下开始运动，现在因为锻炼认识了很多人。

闫福山爷爷

邓啟儒爷爷

编号：19

姓名：邓啟儒　　性别：男　　年龄：79岁

我非常喜欢这个社区活动室，每天下午都会过来看报，不过由于视力的原因，有时候我只能看看报上的标题。还有其他几位老人也会来看报，这时候我们就会交流一下对新闻的看法。我听力也不太好，需要借助助听器，今天出来的时候忘了戴，挺麻烦的。

王五第爷爷

编号：20

姓名：王五第　　性别：男　　年龄：84岁

我身体不太好了，经常患病，最近还住过一次医院。因身体不好，现在由女儿照顾我的起居。但是我不想让女儿太辛苦，希望能找一个保姆，可是又担心保姆不可靠及请保姆所需费用的问题。

我的生活比较简单，每天出来坐在小区里晒晒太阳，到了吃饭时间就回家。

1.2　前言

有这样一个故事：

一对父子在树下坐着，儿子看着报纸，老父亲仰头问儿子："树上是什么呀？"儿子看着报纸说："那是麻雀。"过了一会儿父亲又问："儿子，那树上是什么呀？"儿子不耐烦地说："不是说了吗，那是麻雀。"一会儿父亲又问："那树上是什么呀？"儿子生气了，扔掉报纸："都说了好几遍了，麻雀、麻雀，你是不是有病呀？"父亲呆住了，好一会儿用发抖的手从袋子里面拿出一个破旧的日记本递给儿子。上面写着几十年前，也有一对父子在这棵树下，小儿子看着年轻的父亲问："爸爸，树上是什么呀？"父亲高兴地回答："那是麻雀。"过了一会儿孩子又问："树上是什么呀？"父亲还是笑着回答："那是麻雀，会叫的麻雀。"接下来儿子又问了几十遍那树上是什么东西,父亲既高兴又激动,每次都回答:"那是麻雀,会飞会叫的麻雀,记住了吗?"

上面的故事出自电影《飞越老人院》(如图1-1所示)里的老葛之口,老葛与儿子关系决裂,被迫住进了老人院。当他向孙子讲述这个故事的时候,是为了得到他们的理解。当我们看到一个白发苍苍的老人,回忆着过去的美好却感受着当下的凄凉时,几乎所有人都会被触动。于是我们不得不反思,为什么会出现故事中的问题?为什么我们可以对孩子亲切地重复说一百遍,而不能够对一个老人说上三遍?这种事情是老葛和他儿子之间特有的,还是整个社会普遍存在的现象?故事中的孩子无疑是幸福的,而老年人就应该得到这样的回应吗?这就是老年人的生活吗?这就是老年人的感受吗?已经老去或者终将老去的我们也会像老葛一样在昏暗的灯光下回忆过去而对现在束手无策?如果是这样,那将是一个多么可怕、悲哀的境况。

图1-1 电影《飞越老人院》海报

2 300年前孟子就提出了"挟泰山以超北海,此不能也,非不为也;为老人折枝,是不为也,非不能也"(出自《孟子·齐桓晋文之事章》)。康熙也曾说过"孝,天之经,地之义,民之行也"。自古以来,尊老爱幼就是中华民族的优良传统,但是现如今我们却只做到了"爱幼",而忽略了"尊老"。现实确实是这样的,整个社会对于老年人的关注,与对其他群体的关注相比,真的是少之又少。

我们会每天专门拿出时间陪着孩子玩游戏,却总是忘记坐在电话机前等待的父亲母亲(如图1-2所示);

图1-2 父子情

我们有各色各样门类齐全的幼儿教育机构、儿童主题乐园,但是老年人活动中心却只是一个挂在墙上的牌子;

我们有全自动化高科技的儿童时尚座椅,却没有一根老人信得过的拐杖;

儿童与青少年用品专卖店遍布各处,而老年人为了买到一双舒服的鞋子却不知要跑多远找多久;

我们会为孩子的小手设计专门的餐具,但是却忽略了那双曾经在我们跌倒后扶我们起来、现在因为帕金森病而颤抖不停的双手;

……

其实老人也是"孩子",需要我们用心关爱。他们要求的不多,也许只是简单的"折枝"而已。老人为社会付出了青春,对社会做出了贡献。一个人好不好,要看他对待自己的父母好不好;一个社会好不好,要看它对待老年人群体好不好。所以社会的发展与进步必然也要看我们对待老年人的态度是否发展与进步。

在设计领域,有很多专业且优秀的设计品牌、设计公司、设计团队,但是它们几乎全是为年轻人服务的。例如,一提到为年轻女性的设计,我们脑海中就会浮现出古琦、Only、Smart、朵唯、雅诗兰黛、迪奥、兰蔻、香奈儿、雅姿……这些经典优秀的产品和品牌数不胜数，几乎涵盖了年轻女性生活的所有领域，而且每一领域所能选择的种类多得让人眼花缭乱（如图1-3所示）。

图1-3　面向年轻女性的各种产品

但是一提到为老年人的设计，我们脑海中突然一片空白，似乎这是一个从没有听过的名词，我们也许绞尽脑汁才能想到老年人的轮椅、拐杖、医院、病床、老花镜（如图1-4所示）……并且对于这些东西，大部分人都存在一种"它们本该如此不用完善"的心态，不会去像探究一款年轻人的手机锁屏键如何滑动更流畅那样，认真详细地去探究老年人在超市购物所面临什么难题以及该如何解决。但是随着老年人群体年龄范围的扩大、经济能力的加强、审美水平的提高，这些产品远远不能够为老年人提供更好的服务。现有的老年人产品只提供了解决问题的功能，而距离有用的、好用的、值得拥有的产品这一层次还很远。同时我们应该意识到老年人的生活不只有做饭、做家务、打太极拳、生病、吃药、衰老这些，他们其中大部分人也是健康的、年轻的，甚至是时尚的。他们也喜欢尝试新鲜事物，使用更好的产品。因此在为儿童、时尚女性、商务人士等做设计的同时，我们是不是也要分出一部分精力来关注老年人的需求，为老年人做设计？把设计领域的资源重新配置，从而使社会更好更和谐地发展，人人都能感受到设计的关爱？

图1-4 面向老年人的各种产品

如上所述,我们探讨了很多有关老年人群体需要人们关注的问题,除了主观上的原因是我们应该发扬尊老的传统美德,更有客观上的原因,那便是老年人作为一个社会的重要组成部分,存在许多群体特征,这些特征要求我们用心对待。同时21世纪的中国正面临着一个迫切的问题:生活水平提高,人口老龄化速度加快,老年人口越来越多,老年人社会已经到来。

1.3 中国人口老龄化现状

新中国成立以后,中国人口发生了爆炸式增长。为了有效控制人口数量,1973年,中国在全国范围内开始实行计划生育,只允许每个家庭生育一个子女。40余年过去了,计划生育政策效果显著,我国新生儿出生率得到了很好的控制并逐年下降,人口增速变缓。但是同时还出现了另一种现象,那就是改革开放以来,社会发展经济进步,人们生活水平提高,人均寿命提高,死亡率下降,如此一来的结果就是老年人口的增加。自 1982 年的第三次人口普查到 2004 年的 22 年里,中国的老年人口以平均每年 2.85% 的速度增长,并达到了 1.43 亿人的绝对数量,远远高出由于出生率下降而导致的 1.17% 的总人口增长速度。数据显示,到 2004 年年底,中国 60 岁及以上的老龄人口已经占到了人口总数的 10.97%,这说明自此中国正式步入老龄化社会的行列。图 1-5 为在公园里锻炼的老年人。

图 1-5　在公园里锻炼的老年人(王家琦摄)

1.3.1　中国老龄人口数量与比例

2010 年 11 月 1 日凌晨开始,我国进行了新中国成立以来的第六次人口普查,对全国范围内的人口进行统计。次年的 4 月 28 日,中华人民共和国国家统计局公布了 2010 年第六次全国人口普查数据,数据中的年龄构成比例给人很大触动。

普查数据表明:大陆 31 个省、自治区、直辖市和现役军人中,0~14 岁人口绝对数为 222 459 737 人,占总人口的 16.60%;15~59 岁人口绝对数为 939 616 410 人,占总人口的 70.14%;60 岁及以上人口绝对数为 177 648 705 人,占总人口的 13.26%,其中 65 岁及以上人口绝对数为 118 831 709 人,占总人口的 8.87%(如图 1-6 所示)。

这与 2000 年的第五次全国人口普查结果相比,0~14 岁人口的比例下降了 6.29 个百分点,15~59 岁人口的比例上升 3.36 个百分点,60 岁及以上人口的比例上升

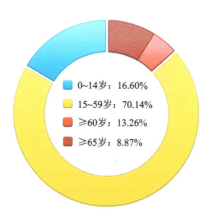

图 1-6　第六次人口普查人口比例

2.93 个百分点，65 岁及以上人口的比例上升 1.91 个百分点。

图 1-7 为 1954 年以来的六次人口普查中 0～14 岁、65 岁及以上人口比例的对比（1954 年年末统计不同年龄的人口比例）。可以很明显看出两大趋势：0～14 岁的人口比例逐次下降，65 岁及以上人口比例逐次提高，并且这两个趋势还意味着我国的老龄化进程将会继续。

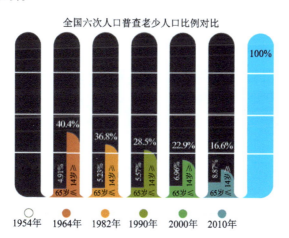

图 1-7　1954—2010 年全国六次人口普查老少人口比例对比

数据来源：中华人民共和国国家统计局

当然，目前我国的老龄化程度还是低于发达国家的总体水平，我国 60 岁以上人口占 13.26%，65 岁以上人口占 8.87%。而 2008 年日本 65 岁及以上人口达到

22.6%,2010年发达国家60岁以上人口占21.76%,65岁及以上人口占15.9%。而世界65岁及以上人口所占比例的平均水平为7.6%。

但是我们需要清醒地看到的是,我们与发达国家是没有可比性的,因为每个国家和社会有他们独特的地方。比如,随着我国改革开放三十多年来,我国的经济社会发展快速,人民生活水平和医疗卫生保健事业有了巨大改善。但是与发达国家的经济水平相比我国现阶段还是有很大距离,而且我国现阶段的养老制度与养老意识还很不完善。因此,老龄化成为我国社会人口发展中需要科学研究、统筹考虑、妥当应对的一个挑战。

1.3.2 中国的老龄化发展的三个阶段

2006年2月23日,全国老龄工作委员会办公室发布了2005年的21世纪中国人口老龄化发展趋势预测研究报告,这对于我们研究中国的老龄人口发展并采取应对措施有很大的指导意义。报告显示21世纪的中国将是一个不可逆转的老龄社会,2001—2100年,中国的人口老龄化发展可以划分为三个阶段(如图1-8所示):

图1-8 三个阶段中老年人口变化趋势

第一阶段,2001—2020年是快速老龄化阶段。这一阶段,中国将平均每年增加596万老年人口,年均增长速度达到3.28%,大大超过总人口年均0.66%的增长速度,人口老龄化进程明显加快。到2020年,老年人口将达到2.48亿人,老龄化水平将达到17.17%,其中,80岁及以上老年人口将达到3 067万人,占老年人口的 12.37%。

第二阶段，2021—2050 年是加速老龄化阶段。伴随着 20 世纪 60—70 年代中期的新中国成立后第二次生育高峰人群进入老年，中国老年人口数量开始加速增长，平均每年增加 620 万人。同时，由于总人口逐渐实现零增长并开始负增长，人口老龄化将进一步加速。到 2023 年，老年人口数量将增加到 2.7 亿人，与 0～14 岁少儿人口数量相等。到 2050 年，老年人口总量将超过 4 亿人，老龄化水平推进到 30% 以上，其中，80 岁及以上老年人口将达到 9 448 万人，占老年人口的 21.78%。

第三阶段，2051—2100 年是稳定的重度老龄化阶段。2051 年，中国老年人口规模将达到峰值 4.37 亿人，约为少儿人口数量的 2 倍。这一阶段，老年人口规模将稳定在 3 亿～4 亿人，老龄化水平基本稳定在 31% 左右，80 岁及以上高龄老人占老年总人口的比重将保持在 25%～30%，进入一个高度老龄化的平台期。

根据以上对老龄化发展细分的三个阶段进行分析和预测，我们发现如下几个特点：

（一）中国人口老龄化将伴随 21 世纪始终

自 1999 年中国进入老龄社会开始，老年人口数量不断增加，老龄化程度持续加深，直到 2100 年，老年人口总量仍然高达 3.18 亿人，占总人口的 31.09%，人口老龄化将伴随 21 世纪始终。

（二）2030—2050 年是中国人口老龄化最严峻的时期

一方面，这一阶段，老年人口数量和老龄化水平都将迅速增长到前所未有的程度，并迎来老年人口规模的高峰。另一方面，2030 年以后，人口总抚养比将随着老年抚养比的迅速提高而大幅攀升，并最终超过 50%，有利于发展经济的低抚养比的"人口黄金时期"将于 2033 年结束。

（三）重度人口老龄化和高龄化将日益突出

经过 50 年左右的快速增长，到 21 世纪下半叶，中国老年人口规模、老龄化程度以及高龄化程度都将在较高水平上保持基本稳定，老年人口总量虽有所下降，但仍然保持在 3 亿人以上，老龄化程度为 31% 左右，80 岁及以上高龄老年人口规模将保持在 8 000 万～9 000 万人，高龄化水平为 25%～30%，重度老龄化和高龄化问题将显得越来越突出。

（四）中国将面临人口老龄化和人口总量过多的双重压力

总人口过多是中国的基本国情，由于坚持计划生育的基本国策，总人口增长势头得到了有效控制，但目前人口总规模仍然高达13亿人，预计到2030年达到最大人口规模14.65亿人，总人口过多的压力将长期存在。与此同时，中国已经进入老龄社会，这是一个新的重要国情。人口老龄化压力已经开始显现，并将随着老龄化的发展而不断加重。整个21世纪，这两方面压力将始终交织在一起，给中国经济、社会发展带来严峻的挑战。

1.3.3 中国老龄化特点

中国人口老龄化过程中，除了普遍存在的一些常见特征，比如老龄人口中贫富差距大、富人更长寿、老龄人口中女性比例比男性高、老龄化加深会导致老年人口抚养比偏大等，与其他国家相比，中国的人口老龄化还具有以下主要特征。

（一）数量大

2004年年底，中国60岁及以上老年人口为1.43亿人，2010年已达到1.78亿人，2014年将达到2亿人，2026年将达到3亿人，2037年超过4亿人，2051年达到最大值，之后会一直维持在3亿~4亿人的规模。根据联合国预测，21世纪上半叶，中国将一直是世界上老年人口最多的国家，占世界老年人口总量的1/5，21世纪下半叶，中国也还是仅次于印度的第二老年人口大国。

（二）步伐快

尽管我国人口老龄化起步比世界平均水平和发达国家相对要晚，但是近20年来其推进的速度是其他国家所不能比拟的（陆杰华，2007）。统计资料显示，我国人口老龄化的速度大大高于欧美等国，也略快于日本。我国65岁以上的人口比重从4.91%上升为6.96%花了18年时间，日本老龄人口的比重从4.79%上升到7.06%花了20年的时间，瑞典老龄人口的比重从5.2%上升到8.4%花了40年的时间。另外，根据美国人口普查局的统计和预测，65岁以上老龄人口的比重从7%上升到14%所经历的时间，法国用了115年，瑞典用了85年，美国用了68年，英国用了45年，日本用了26年，而中国只用27年就完成这个变化，并且在今后一个很长的时期内都保持着很高的人口交替速度，属于老龄化速度最快的国家之一。

（三）城乡分布不平衡

发达国家人口老龄化的历程表明，正常情况应该是城镇老年人口多于农村老年人口，但是中国情况却不同。目前，农村的老龄化水平高于城镇的老龄化水平1.24个百分点，出现了城乡倒置的现象，这种现象将一直持续到2040年，到21世纪后半叶，城镇的老龄化水平才将超过农村，并逐渐拉开差距，这是中国人口老龄化不同于发达国家的重要特征之一。

（四）速度超前于现代化

发达国家是在基本实现现代化的条件下进入老龄社会的，属于先富后老或富老同步，而中国则是在尚未实现现代化、经济尚不发达的情况下提前进入老龄社会的，属于未富先老。发达国家进入老龄社会时人均国内生产总值一般都在 5 000~10 000 美元以上，而中国目前人均国内生产总值刚刚超过 1 000 美元，仍属于中等偏低收入国家行列，应对人口老龄化的经济实力还比较薄弱。

与世界其他已经进入老龄化社会的国家相比，我国进入老龄化社会时，经济发展水平不仅是最低的，而且差距极大。2000 年，我国进入老龄化社会时的人均 GDP 按当年价为 860 美元左右，换算成 1990 年的美元仅为 750 美元。而一些发达国家在进入人口老龄化社会时（1990 年左右）人均 GDP 均超过 2 500 美元。随着人类的进步，以人为本的现代社会对于人权的保障较一个世纪前有了巨大的发展。这些都向我国"年轻"的养老金制度提出了严峻的挑战。当然，不可否认，由于经济发展水平低，老龄人口的赡养成本也较低。

1.4 全球人口老龄化现状

1.4.1 世界人口现状——正在变灰的世界

世界上所有国家，不论发达国家还是发展中国家，都面临人口老龄化的问题。根据联合国经济和社会事务部人口司 2009 年发布的《1950—2050 世界人口老龄化报告》，2050 年前，随着现在的年轻一代步入中年，老龄人口的增长速度会比任何其他年龄段都快，具体数据如下：

（1）目前世界人口平均寿命为 69 岁（男性 67 岁、女性 71 岁），为历史最高点。但是区域差异显著：人均寿命最低的撒哈拉以南非洲国家为 54 岁（男性 53 岁、女性 55 岁），最高的北欧国家为 80 岁（男性 77 岁、女性 82 岁）。

（2）60 岁及以上人口在世界各国一直保持稳定增长。1980 年全世界 60 岁及以上人口为 3.84 亿人。现在这个数字已经翻了一倍多，达到 8.93 亿人。到 2050 年这个数字预计会达到 24 亿人。在较发达国家，现在每 4 人中就有 1 位 60 岁及以上的老年人。到 2050 年,这个数字将达到 3 人中有 1 人。在最不发达国家,现在每 20 人中就有 1 位 60 岁及以上的老年人,到 2050 年,将会是 9 人中就有 1 人(如图 1-9 所示)。

图 1-9 正在变灰的世界

(3)到 2050 年,全世界可供养 65 岁及以上人口的处于工作年龄的人口数量将减少一半,这意味着政府将面临社会服务和退休金紧张的局面。1950 年,全世界平均 12 个工作的人供养 1 位 65 岁及以上的老年人,现在是 7 个工作的人供养 1 位 65 岁及以上的老年人,到 2050 年将有可能减少到仅仅 3 个人就供养 1 位 65 岁及以上的老年人。

(4)80 岁及以上人口的数量曾经非常少,但是今天他们是世界上增长最快的人群。与年龄相对较小的人相比,他们占用的医疗和社会辅助服务比例也较大。

(5)世界人口的中间年龄(即一半人口在这个年龄线以上,一半人口在这个年龄线以下)2010 年为 29 岁,2100 年将上升为 42 岁。但是国家间的差别非常明显:尼日尔的中间年龄现为全世界最低,是 15.5 岁,而日本则最高,为 44.7 岁。

医疗技术的突破和医疗服务的普及延长了人类的寿命,老年人口比例几乎在所有国家都在持续增长。这是世界巨大进步的证明,但是这也给人类社会带来了许多新的挑战,包括经济增长、医疗保健和随着年龄增长而来的个人安全问题。这说明我们的世界正在慢慢地变灰,我们将面临一个新挑战:人口老龄化。

《2011 年世界人口状况报告》分析了当今 70 亿人口世界的有关趋势和变动,报告指出,人口状况部分趋势较为显著,尤其是老年人口的变化:目前全球 60 岁以上人口数量已经达到 8.93 亿人,21 世纪中叶将升至 24 亿人。报告中提出了"70 亿人口的 7 个机遇",7 个机遇之一便是促进全球老年人的健康和生产力,减轻老龄化社会给我们带来的挑战,又可称为"9 亿人口创造的机遇"。

然而，要确保人数日增的老年人在耄耋之年得到足够的帮助，让那些需要和想要从事经济活动的老人获得待遇合理的就业，并向老人们提供合适的卫生服务，这些事做起来很可能相当困难。因为关于人口的任何问题都是关联的，例如老龄人口的生活与年轻人口的流动趋势相互关联。在许多发达和发展中国家，年轻的失业人口正从农村地区移往城市和其他就业前景更好的国家，但他们往往会抛下年老的家庭成员，有些老人甚至因此失去了日常生活的支助。在一些更富有的国家，年轻人口的减少意味着未来谁能够照顾老人、谁为老人提供福利支出等问题存在更多的不确定性。不管就绝对数量还是相对工作人口的比例来说，老年人口的稳定增长对主流人群都会产生深远的影响，尤其关系到现有各种形式的助老服务能否持续。因此对所有国家来说，"人口老龄化"对经济和社会发展的影响，既是机遇，也是挑战。

1.4.2 世界老龄化的特点

（1）发展中国家人口老龄化加快。发达国家一般处于人口结构转型的第三阶段，所以人口结构的变化趋于稳定。而发展中国家处于人口结构转型第二阶段，由于经济发展迅速、生育率下降快速，老龄化存在基数大、速度快的特点。尤其是东亚、太平洋以及拉丁美洲和加勒比地区，将会经历一场比发达国家曾经经历过的还要快的人口老化过程（如图1-10所示）。

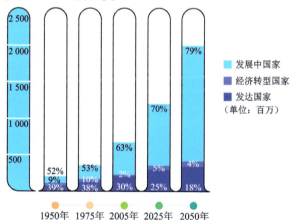

图1-10　1950年、1975年、2005年、2025年、2050年世界
60岁及以上人口的数量和分布

数据来源：联合国经济和社会事务部人口司2005年预测数据

（2）老龄化性别比例不平衡。由于女性通常活得比男性长，因此老年人中妇女的比例增加较多。2005年，就全世界而言，65岁及以上的妇女人数超出男性，比例将近4∶3，80岁及80岁以上的比例将近2∶1。

（3）受抚养人比率增加。受抚养人比率是将人口中被认为是经济上需要抚养（通常为15岁以下儿童和65岁以上老人）的人与另一组被认为从事经济活动的人相比较。

1975—2005年，由于受抚养儿童人数大减，全世界受抚养人总比率由100名劳动适龄人中有74人下降到55人。这种下降趋势在今后十年内将停止，随后将逆转。预计由于受抚养老年人比率的增加，2025年的受抚养人总比率为53，至2050年将达到57（如图1-11和图1-12所示）。

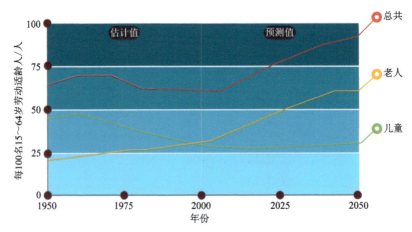

图1-11　1950—2050年发达国家儿童与老年人的抚养比率

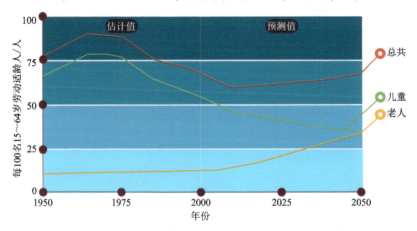

图1-12　1950—2050年发展中国家儿童与老年人的抚养比率

（4）各地区养老方式发生变化（独居与否）。老年社会的环境正在迅速变化之中。家庭人数变少，大家庭的作用在下降，由晚辈赡养和照顾老年人的观念正在迅速地发生变化。

世界上每 7 个老人中就有 1 人独居，即有 9 000 万名老人独居，在大多数国家，过去十年里这一比例都在增加。发展中国家的大多数老年人与其成年子女一起生活，亚洲和非洲 3/4 的 60 岁及及以上老年人和拉丁美洲的 2/3 60 岁及及以上老年人都是这种情况。独居老年人的比例相对仍然比较低，不到 10%，但在大多数（尽管不是全部）发展中国家这一比例都在增加（如图 1－13 所示）。

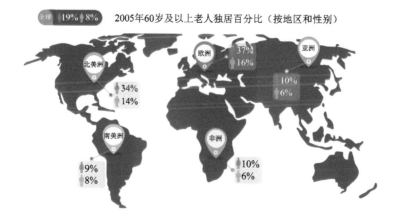

图 1－13　2005 年 60 岁及以上老人独居比例（按地区和性别）

1.5　人口老龄化与老年人的特点

人口老龄化，是社会人口在发展过程中所表现出来的一种结构特点。主要体现就是群体人口的年龄偏大，出现大范围分布的老年人。国际上通行的标准如此界定老龄化社会：当一个国家或地区 60 岁及以上的老年人占人口总数的 10% 或 65 岁及以上的老年人口占人口总数的 7%，而且 14 岁及以下人口占人口总数的 30% 以下，这就说明这个国家或地区已经进入老龄化社会。

人的老化主要表现在以下三个方面：

（1）生理性老化。步入老年之后，人的身体形态和生理机能等方面均发生了变化，主要表现在：老年人的消化系统功能退化、消化能力下降、神经组织功能衰退、心血管功能衰退、呼吸功能衰退、行为举止反应能力减慢等。

（2）心理性老化。是指对环境的适应能力减弱，主要表现在：接受新鲜事物的能力降低、容易缺乏安全感、容易孤独、充满失落感、具有强烈的自我实现愿望等。

（3）社会性老化。由于参与社会的能力与方式发生改变，如丧偶、退休或权力消失等所引起的变化。

1.5.1 老年人生理变化

感觉是指对作用于感官的客观事物的个别属性的反映，又分内部感觉和外部感觉。内部感觉有运动觉、平衡觉等。外部感觉有视觉、听觉、嗅觉、味觉、触觉等。知觉是对作用于人的感官的客观事物的整体属性的反映。感觉是最简单的心理过程，是人类认识世界的基础。知觉是以感觉为基础的又高一级的心理活动。知觉与感觉是同时产生的，统称为感知。

人的感觉能力各有不同，老年人的感觉能力因机体老化或病理原因而有所降低。一个人到五六十岁以后，不仅听觉和视觉，连味觉、嗅觉和躯体皮肤感觉也都随年龄增长而逐渐发生退行性变化。

掌握各种感知觉退行性变化的规律，可以帮助老年人尽快适应年老的过程，也可以帮助我们更好地了解老年人。感知觉的退行性变化通常对复杂高级的心理活动并不产生重大的影响。因此，不能因老年人感知觉的退行性变化就证明老而无用或老而无能。

（一）视力

老年人视觉变化的个体差异很大，多数人在 50 岁以后视力就逐渐下降并出现老花眼现象（如图 1-14 所示）。提高物体的照明度或改善物体与其背景之间的对比度，或允许以较长时间仔细慢慢观察，老年人的视敏度可能会提高些。在改善老年人视觉的条件中，良好的照明度是十分重要的。

老年人对物体形状、大小、深度、运动物体的视知觉和一些特殊视知觉现象，与年轻人相比都有不同程度的变化。如想将手中茶杯放到桌上时，由于深度视知觉差错，杯子在到达桌上之前误认为已放在桌上了，以致脱手使杯子落在地上；上下台阶时由于对空间关系判断不准确，常易摔倒。

（二）听觉

老年人的听觉变化中，最常见的现象就是重听，即耳聋或耳背。这种退行性变

图 1-14　老年人视力降低（王连枝摄）

化在内耳道表现为内耳血管萎缩。在外耳道表现为皮肤分泌功能的减退，使耳垢变得很硬，难以排出。

一些生理心理学研究发现，老年人对不同音高（声波频）的听力下降程度是不同的。高音部分随增龄而下降得最明显，而低音部分变化则不明显；女性老人和男性老人相比变化得更轻些，受损失的音调比男性老人更高。

老年人听觉功能的变化，直接影响他们的言语知觉能力和理解能力。一些研究发现，70多岁的老年人对言语知觉所需最低音强比青年人高6~7倍。所以，在电话中向老人传达事情，讲话人必须大声慢讲，而且周围应尽可能没有其他噪声的干扰（如图1-15所示）。

图 1-15　老年人听力降低（朱允诚摄）

(三) 味、嗅觉

老年人味觉的变化，表现为对某些原来熟悉的几种味道感觉减退，而且主要表现为恰能觉察到的最低味觉物质浓度增高。

与味觉变化的规律相似，嗅觉感受的灵敏度也随着增龄而下降。一般来说，老年人味、嗅觉的变化对正常生活并不会产生很大影响，老年人根据丰富的生活经验，依靠辅助信息，可弥补其味、嗅觉功能的不足（如图1-16所示）。

图1-16　老年人吃饭变得困难（石超峰摄）

(四) 触觉

60岁以上老年人的皮肤上敏感的触觉点数目显著下降，皮肤对触觉刺激产生最小感觉所需要的刺激强度在年老过程中逐渐增大。老年人的温度感觉和痛觉也较迟钝，有些皮肤区的这些感受小体几乎完全丧失。

研究发现，女性老年人痛觉敏感度随年龄增大而降低的现象比男性老年人更明显。另有研究证明，高龄老年人不但对室温敏感度降低，而且自己身体的温度也随增龄而降低，因此对他们应细心照顾（如图1-17所示）。

(五) 声觉

声感觉减退给老年人带来的不便还常常表现为口头语言和文字书写能力的变化。由于口部与发音有关的肌肉感觉能力减退，常使老年人言语声音变得嘶哑、含混不清或语流不畅、断断续续（如图1-18所示）。

(六) 肌肉

手部肌肉感觉减退，向内反馈的神经减弱，造成精细运动困难，如书写不灵活。不过这些功能减退可以通过加强锻炼来延缓（如图1-19所示）。

图1-17 老年人触觉发生变化(涂德海摄)

图1-18 老年人的声觉(于健鹰摄)

图1-19 老年人锻炼身体

随着年龄的增长，感知觉的器官逐渐老化，视觉、听觉逐渐衰弱，感受性降低，这会影响老年人的生活质量。尽管如此，人的活动能力也可以不完全由生理机能决定。有的老年人因某种原因失去某些生理器官的功能，但是由于老年心理活动的主观能动性，他们以合理的认识、愉快的情绪、坚强的意志、丰富的阅历、美好的愿望和执着的追求，将不利因素转化为有利因素，发挥自己的潜力，弥补自己的缺陷。

我们需要认识到的是，老年人虽然感知觉因年纪变大而衰退，但不是完全丧失。我们不要以为老年人是思想迟钝"智衰而无用"。只要保持良好的心态，精神不老，他们仍有创造能力，即使进入高龄，由于内在潜力驱使，也能竭尽全力去完成有意义的事情。

1.5.2 老年人心理变化

随着年龄的增长，老年人的机体各组织器官生理功能衰退，导致机体调节功能不足，抗病能力减退，适应能力下降。同时由于老年人离开工作了几十年的工作岗位、子女长大离开自己等导致生活变化较大，从而导致他们的心理状态也随之发生变化（如图1-20所示）。

图1-20 老年人的心理（陈昌麒摄）

（1）孤独心理：人到老年，随着孩子的长大和工作退休，生活圈子骤然变小，子女到了要忙工作追求独立的时候，可以说话的人越来越少，加上本身空闲时间更多，因此老年人经常会感觉到孤独，突出表现就是经常会在电话前等孩子们的电话。子女们因工作忙，不能及时看望、问寒问暖，老人就以为儿女冷落他们。

(2) 焦虑心理：老年人面临着许多我们不能想象的问题，如：经常生病就医，慢性病的纠缠，身体各方面大不如从前连走路都能成为一种负担，周围同辈人的离去让自己意识到死亡的迫近等，这些使得老年人变得容易焦虑。当有病时，这种心理更为明显。

(3) 自卑心理：老年人的各种能力开始丧失，如劳动力、收入能力、社会地位。在家会被嘱咐不要搬重东西、坐公交会被让座等，有一种自己成了家庭和社会负担的失落感和自卑心理。

(4) 消极心理：人到老年容易丧失激情，不再有追求和梦想，加上子女离去组织小家庭，老年人对生活的期望值变小，对任何事兴趣都不大。

1.6 遭受人口老龄化第一次浪潮的日本

日本政府公布的2011年《高龄社会白皮书》显示，截至2010年10月1日，日本65岁及以上的老龄人口已达2 958万人，占总人口的比例增至23.1%，日本已进入"超老龄化社会"。而且，75岁及以上的老年人口高达1 430万人，占总人口的11.2%。日本人口和社会保障研究所预测，日本的老龄化问题将越来越严重，老龄人口在2015年将超过3 000万人，老龄人口比例将增至26.9%；2055年将迎来老龄化顶峰，老龄化比例将高达40.5%，而且75岁及以上老人将占到1/4。不可否认，日本已经成为全世界老龄化社会的"领头羊"（如图1-21所示）。

图1-21 日本众多的老年人

与日本严重老龄化现状相对的是,在老龄化这条路上,日本做出了许多尝试以缓解老龄化带来的问题:劳动力减少、医疗保障负担增大、老年人心理变化所引起的问题、如何保证老年人正常、健康生活等。例如,面对"空巢老人"的问题,日本东京水道局想出了一个好主意,就是每天用电子邮件向儿女的手机上发送独居老人的用水信息,晚辈通过用水情况,可以第一时间了解独居老人是否健康安全。目前日本全国的居民都能通过手机或电子邮件,了解居住在东京的老人的用水数据,减轻了年轻人不少后顾之忧。

中国的老龄化与日本的老龄化有很大的不同,比如中国人口老龄化超前于现代化。可是中国的老龄化与日本的老龄化也存在许多共通之处,比如老年人口增长速度快、老龄化城乡倒置等。因此研究和借鉴日本如何应对老年人问题是非常有意义的,可以避免我们走弯路。

1.6.1 巢鸭"老人街"

位于东京都丰岛区东部的巢鸭街(如图1-22所示),是老年人的购物圣地,被人们称为"老人街"。在这里,老年人可以买到想买但是别的地方买不到的东西。这条街所售物品,如服装、鞋子、食物等都专为老人们设计,非常人性化,为老人着想得细致而周到。巢鸭街的衣服并不时髦,但宽大厚实、质地好,鞋子宽松舒适,食物也多具传统特色,很符合老年人的口味。日本对老年人的关爱与照顾,完全融在了这一点一滴的细节中。

图1-22 日本东京的巢鸭老人街

巢鸭"老人街"不仅提供的产品好,提供的服务也很好。为方便腿脚不便又不会开车的老年人购物,有些商店开设了免费专车接送老人购物。日本"黑猫"宅急便公司也联合超市,开发了一种方便老人购物的新系统。老人只要在超市等场所设置的电脑终端上面用手指输入想要购买的物品,就可以空手回家了,所购物品随后将会被送到老人家中。在这条老人街上还有一项特别服务——AED,即如有老人昏倒,送医院前先进行心脏按压等急救,这就要求商店人员要接受专门的"救命讲习"。

在这条街上,老年人会显得兴奋有激情,就像曾经年轻时逛商场一样东看看西看看,可以说这条街让老年人找回了生活的乐趣和购物的兴趣。

1.6.2 "退而不休"

不要惊讶于日本街上的出租车司机几乎都是满头银发的老人,不要以为"都满头白发了,还出来开出租车挣钱让人心酸",实际上在日本随处可见工作的老人。在电车或地铁中,头发花白、西装笔挺的老人与年轻人一样匆匆赶在上班的路上,更有老者在餐厅、超市里,身着工作服和小伙子一样卖力地工作(如图1-23所示)。

图1-23 日本退而不休的老年人

出现这种现象的原因有两种,一与日本的国民性或社会价值取向有关,即不服老,希望能发挥价值;二与日本的经济、人口形势有关。

为了缓解养老压力和解决劳动力人口不足的问题,日本众议院通过了一项法案,"给予私营领域的员工多工作五年的权利,将退休年龄推迟至65岁"。世界经合组织在一份报告中称,日本男性离开职场的平均年龄为70岁,女性为67岁,这已经高于其他发达国家。

日本的老年人乐于交友而不希望被孤立,他们认为"活一天就要发光发热贡献一天",一旦脱离工作,不但不利于健康,更重要的是意味着自己脱离了社会。

1.6.3 日本老年人产品设计

日本的老龄产业几乎涉及方方面面。很多领域都有专门为老人特别设计的产品,让老人健康、快乐地生活,延迟老人被护理的时间,是日本老龄产品设计的宗旨。如家电、相机等都有方便老人的装置。新建住宅中洗手间、厨房,包括台阶、门槛等细微之处都为老年人着想。日本老龄产品与其他产品的不同更多体现在细节上,细节之细、考虑之周全令人佩服,充分体现了对老年人的关怀和用心(如图1-24所示)。

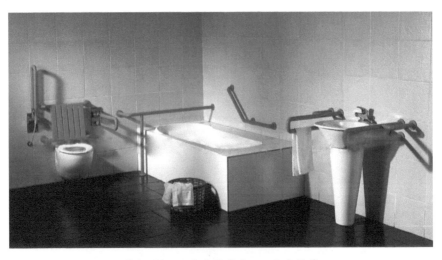

图1-24 日本老龄产品——室内扶手

日本各界把老年人使用的商品和服务细分出来。三得利近年为老年人开发了符合健康标准的威士忌;面向老年人的手机"Mi-Look"(如图1-25所示)拥有GPS卫星定位、老人活动记录器、紧急感应绳等多项智能设备;为方便老年人阅读报纸,从2000年开始,以《朝日新闻》为首的日本几大报纸纷纷改版,把字加大一号;游戏厅除了为老人提供毛毯、纸巾,还开设专门的游戏讲座,甚至特别推出"怀旧游戏"以满足老年人回忆童年的愿望。

第 1 章　老年社会所面临的问题

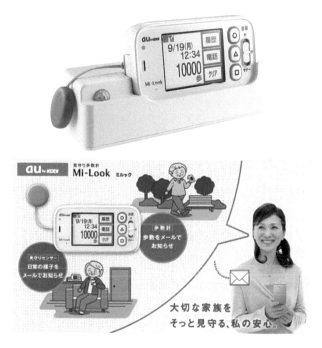

图 1-25　日本老年人产品——手机"Mi-Look"

日本老龄产业的蓬勃发展与政府的支持密不可分。日本政府根据老年人的各种需求和老龄产业各领域的发展特点，分阶段适时出台相关政策和措施，是日本老龄产业得以成功的经验之一，如 2000 年日本已是世界上建立介护保险制度的五个国家之一。调查显示，在介护法出台次年，日本 33.5% 的上市公司已进入或准备进入老龄市场。日立集团与日本生命保险、日本电信电话公司等 14 家大型企业设立了以"生涯伙伴"为名的全国护理信息中心，通过通信卫星、互联网和音像网络承接老年用品的订货等。

毫无疑问，目前日本不仅是世界上老龄化最快的国家之一，而且也是老人生活最方便的国家之一。从老人街、老人饭店、老人菜场，到高龄者住宅区、老人城市，日本老人的各种需要，在为老人们专设的地方都得到了很大满足。

当然，日本在老龄化方面存在的许多问题也给我们敲响警钟，比如社会氛围不够好。由于家庭关系冷漠、人情淡薄，越来越多的日本老人因为精神寂寞、对生活失去希望而选择自杀。老年人犯罪率持续上升，暴力犯罪老年人数量是 1992 年的 49.5 倍，有些老年犯进入监狱只是为了解决温饱问题。这些不足告诉我们发展"银发经济",除了要推出符合老年人需要的各种产品,更要从精神上对他们多加关心,让他们感到自己并没有被社会抛弃。

1.7 结语

老龄社会所面临的问题多并且复杂,这些问题其实并不可怕,问题后面往往蕴含着很多创新的机会和新产品设计的机遇。政府、企业、家庭都应该积极面对,去探寻解决方案来一起解决老龄社会所带来的问题。政府可以对养老产业进行政策指导和扶持,企业可以通过设计研发来提供老年人的产品和服务,家庭也可以积极关怀老人。

1.8 参考文献

[1] 黄群. 无障碍通用设计 [M]. 北京:机械工业出版社,2009.

[2] 姜可. 通用设计——心理关爱的设计研究和实践 [M]. 北京:化学工业出版社,2012.

[3] 国家统计局. 中国 2010 年人口普查资料 [M]. 北京:中国统计出版社,2012.

[4] 全国老龄办. 2005 年中国人口老龄化发展趋势预测研究报告 [R]. 2006 - 02 - 23.

[5] 联合国经济和社会事务部. 2007 年世界经济和社会概览 [R]. 2007 - 06 - 22.

[6] 联合国人口基金. 2011 年世界人口状况报告 [R]. 2011 - 10 - 26.

[7] 薛汉琴. 老年人的生理和心理特点分析 [J]. 健康必读,2010 (7).

[8] 蒋丰. 日本老龄人口达历史高点 "银发经济"潜力巨大? [EB/OL]. 中国广播网. 2012 - 12 - 11.

[9] 李淑杏,莊美华,莊小玲,等. 人类发展学 [M]. 台北:新文京开发出版股份有限公司,2010.

1.9 延伸阅读

1. 反映老龄化问题的电影

《飞越老人院》于 2012 年 5 月 8 日在中国国内公映,影片会集了新中国影史上最著名的老艺术家们：许还山、吴天明、蔡鸿翔、王德顺、唐佐辉、李滨、田华、管宗祥、陶玉玲、刘江、贾凤森、黄素影、张华勋、江化霖夫妇、仲星火夫妇等，所有老演员年龄相加超过3 000岁，可谓"千岁天团"。其中许多人息影多年，特为本片再度出山集结。陈坤、徐帆、廖凡、斯琴高娃等也为"千岁天团"甘当绿叶，友情出演。

2. 其他反映老年人问题的优秀电影

序号	电影名称	导演	上映年份
1	《野草莓》	英格玛-伯格曼	1957
2	《德尔苏·乌扎拉》	黑泽明	1974
3	《魔茧》	罗恩-霍华德	1985
4	《天堂电影院》	朱塞佩-托纳多雷	1988
5	《为黛西小姐开车》	布鲁斯-贝雷斯福德	1989
6	《饮食男女》	李安	1994
7	《永恒的一天》	西奥-安哲罗普洛斯	1998
8	《史崔特先生的故事》	大卫·林奇	1999
9	《老头》	杨天乙	1999
10	《心的方向》	亚历山大-佩恩	2002
11	《桃姐》	许鞍华	2012

3. 人口老龄化

"人口老龄化"指某地某时期内总人口中老年人口比例增加的动态过程。根据联合国世界卫生组织定义，65岁及以上老年人口占总人口的比例达7%时，称为"老龄化社会"（Ageing Society），达到14%时称为"老龄社会"（Aged Society），如果老年人口比例达到20%时，则称为"超老龄社会"（Hyper-aged Society）。如果老年人口比例过高，将出现人口老化的问题。

4. 《中国2010年人口普查资料》

2010年11月，中华人民共和国国家统计局公布了2010年全国人口普查报告——《中国2010年人口普查资料》，资料在总人口、人口增长、家庭户人口、受教育程度人口、民族构成、城乡人口、地区分布、人口流动性、性别构成、年龄构成十个方面进行了详细分析和阐述。

5. 全国老龄工作委员会

1999年10月，经党中央、国务院批准全国老龄工作委员会在北京成立，办公室设在民政部，日常工作由中国老龄协会承担。2005年8月，经中央编委批准，全国老龄工作委员会办公室与中国老龄协会实行合署办公。在国内以全国老龄工作委员会办公室的名义开展工作，在国际上主要以中国老龄协会的名义开展老龄事务的国际交流与合作（中央编办发〔2005〕18号）。2006年2月23日，全国老龄工作委员会办公室发布了《2005年中国人口老龄化发展趋势预测研究报告》。

6.《2007年世界经济与社会概览》

2007年，联合国经济与社会事务部发表了《2007年世界经济和社会概览》，分析了人口老化带来的挑战和机遇，目的是促进关于推动第二次老龄问题世界大会2002年4月12日协商一致通过的《马德里老龄问题国际行动计划》的讨论。《马德里老龄问题国际行动计划》高度重视并促使老龄化问题成为国际发展议程的一个组成部分，强调促进老年人的健康和福祉，以及创造帮助和周济老年人的环境。

7.《2011年世界人口状况报告》

由联合国人口基金信息和外部关系司组织编写的《2011年世界人口状况报告》提出了全球70亿人口的7个机遇：

（1）减少贫困和不平等能够减缓人口增长。

（2）释放妇女和女童的能力能够加速各方面的进程。

（3）年轻人充满活力，容易接受新技术，他们可以改变全球政治和文化。

（4）确保每一次怀孕均为自愿的，每一次分娩都是安全的，可形成更小但更强大的家庭。

（5）每个人都依赖着我们健康的星球，所以我们必须致力于环境保护。

（6）促进全球老年人的健康和生产力，能够减轻老龄化社会给我们带来的挑战。

（7）另有20亿人未来将在城市生活，因此我们现在必须为他们预作规划。

老龄产品设计理论与方法

产品设计理论和方法很多，流程也多种多样。设计理念也随着时代需要不断改变，在社会开始关注老年人等弱势群体需求的同时，各种新的设计思潮应运而生。为此，针对老年人这个特殊的群体，我们梳理了一些比较适合这个群体的创新和设计方法，并加以介绍。如情感化设计（Emotional Design）、包容性设计（Inclusive Design）、通用设计（Universal Design），以及 Living Lab 创新模式。

这里的"设计理论和方法"的对象是广义的，其对象是"产品"。目前给"产品"所做的定义如下：

（1）产品是指能够提供给市场，被人们使用和消费，并能满足人们某种需求的任何东西，包括有形的物品，无形的服务，组织、观念或它们的组合。

产品概念要求对消费者来说足够清楚，足够有吸引力，通常一个完整的产品概念由四部分组成：

① 消费者洞察：从消费者的角度提出其内心所关注的有关问题；

② 利益承诺：说明产品能为消费者提供哪些好处；

③ 支持点：解释产品的哪些特点是怎样解决消费者洞察中所提出的问题的；

④ 总结：用概括的语言（最好是一句话）将上述三点的精髓表达出来。

（2）产品的狭义概念：被生产出的物品。

产品的广义概念：可以满足人们需求的载体。

产品的整体概念：人们向市场提供的能满足消费者或用户某种需求的任何有形物品和无形服务。

总之，产品（Product）是市场上任何可以让人注意、获取、使用，或能够满足某种消费需求和欲望的东西。因此，产品可以是实体产品（例如，手机、拐杖或者汽车）、服务（例如，养老院、银行或保险公司）、零售商店（例如，百货商店或超级市场）等。本书后面介绍的老龄产品案例将采纳这一含义广泛的定义。

作为设计师，一般刚开始做设计时，最看重的是借鉴具体的设计案例和成文的设计流程，注重具体层面的方法，但是后来，就需要一些更高层次、相对抽象并具有哲学意义的理念来指导。一个良好的哲学意义往往会使设计立意深远。

所以本章也是按照理念—方法—工具这种逻辑关系来逐一介绍情感化设计、通用设计、包容性设计、Living Lab 创新模式（如图 2-1 所示）。

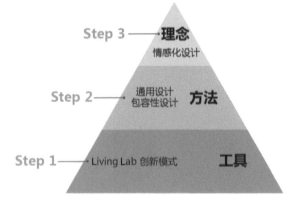

图 2-1　老龄产品设计方法金字塔模型

2.1　老龄产品设计与情感化设计

说到情感化设计，不能不提到唐纳德·A·诺曼。作为一位享誉全球的认知心理学家，唐纳德·A·诺曼是一位站在"以人为中心"的角度去探索人与技术关系的先驱，其著作《设计心理学》和《情感化设计》堪称经典，在中国也广受设计界推崇。

情感化设计的核心理论是：设计必须考虑到三种不同的水平——本能的、行为的和反思的。本能水平的设计关注的是外形，行为水平的设计关注的是操作，反思水平的设计关注的是形象和印象（如图 2-2 所示）。

这三种水平可以对应如下的产品特点：

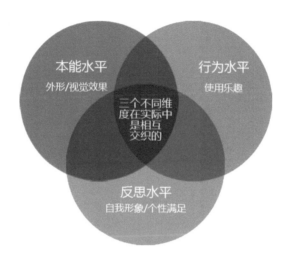

图 2-2 情感化设计模型

本能水平的设计——外形、视觉效果

行为水平的设计——使用乐趣

反思水平的设计——自我形象、个性满足

就这三种层级水平的设计本身来说，并没有严格意义上的优劣之分。好的儿童玩具的设计有可能是优秀的本能水平层级的设计，好的软件交互有可能是优秀的行为水平层级的设计。反思层面上则有非常大的差异，它与文化和消费者的经验密切相关。本能水平设计的产品，物理特征——视觉、触觉和听觉处于支配地位。在行为水平的设计上讲究的是效用，在这里外形并不重要，设计原理也不重要，重要的是性能。在老龄产品设计中，情感成分可能比实用成分对产品来说更为重要。

反思水平的设计，关系到个人的情感体验，表达的是一种深刻、含蓄的文化精神，要求更加注重人们的精神审美，反映的是情感价值。反思水平的设计包括很多领域，它注重信息、文化以及产品效用的意义。对老人来说，反思水平的设计的意义在于某物能引起有关的个人回忆。因此，它更是一种精神层面的对话，它所追求的是一种超越物质的情感境界。

深泽直人为无印良品设计的这款壁挂式 CD 播放器就是一款反思水平的设计，其强调环境的给予性，同时也是一款非常好的老龄产品设计（如图 2-3 所示）。在接受台湾电视台专访的时候，他说，没有想到有个老太太非常喜欢这款 CD 机。老人家说她每天清晨用这款 CD 机播放佛经，只要将 CD 放进去，拉一下垂下来的绳子，就可以开始播放,使用起来非常简单方便。

图 2-3　深泽直人为无印良品设计的 CD 机

这款壁挂式 CD 播放机简单却不同寻常,暴露在外不停转动的音乐光盘看起来更像是壁挂式电风扇的扇页。它没有盖子,电源线直接垂下来,只需要简单地扯动一下音乐便会响起,就像小时候打开电灯或电扇的感觉。深泽直人的这个设计是为了寻找一种"根本"的设计方式,从人们共同的感觉、经验和记忆中找到简单的解决方案。这种设计的目的更多考虑的是人们的怀旧心理,过去的电灯多为拉绳开关,许多人在小时候都有过反复拉动开关让电灯不断地开闭的经历。而此时在拽动这款播放机的拉绳时,不再是灯光的明暗,而是代之以美妙音乐的响起,这种伴随着音乐的怀旧体验是非常美妙的。有时候,产品本身相对于它们所引起使用者对特定任务和事件回忆的能力要次要得多。

追求产品"最本质的造型",只可意会不可言传,这应该是老龄产品设计的一个指导法则,因为经历了人生风雨的老龄人群往往具有怀旧、保守的特点,他们的价值观有自己独具特色的一面。针对老龄人群的产品包装,在满足基本需求的基础上,需融入符合他们生活情趣、价值观念等的元素,实现产品包装与使用者精神上的交流互动,找到情感的寄托。在设计过程中,要对产品有明确的定位,可充分利用老人的怀旧心理,通过情境塑造,将产品与某个人、某件事及某个情景相联系,引起联想,触发回忆。也可通过地域文化要素及符号所产生的象征意义,来传达某种精神,以引起老年人情感上的共鸣。

到了老年这一人生阶段,人们更愿意回忆过去,更注重产品给情感上与心理上所带来的快乐和关爱，从而引导大家热爱生活、享受生活，所以老龄产品更加需要反思水平的设计。反思水平的设计注重的是信息、文化以及产品或者产品效用的意义。老年人这个特殊的群体人生经历丰富，往往念旧，他们喜爱的物品往往是一种象征，能够建立一种积极的精神框架，是快乐往事的提醒，或者是一种自我展示。而且一个特定的产品往往有一个故事、一段记忆。

比如松下 CLEAR LED 灯的设计（如图 2-4 所示）。现如今由于白炽灯能效过于低下，已经被禁止生产了，但有很多人依然怀念着白炽灯那温暖人心的黄澄澄、亮堂堂的光芒，尤其是对于老年人。于是松下把白炽灯和 LED 结合起来，设计出了 CLEAR LED 灯，既保留下这珍贵特别的光源又提高能源利用率。这款 LED 灯泡获得了 2012 年日本优良设计奖的金奖。

设计不仅需要迎合老年人的心理需求，更应该引导老年人积极健康的心理需求。愉快是一种积极的情感状态。积极的情感具有许多的好处：有利于克服压力，对于人们的好奇心和学习也极为关键。积极情感对于老

图 2-4　老年人怀念产品再设计——
松下 CLEAR LED 灯

人的健康生活非常重要，它可以让老人远离危险。通过设计提供产品和服务，可以引导老年人生活习惯的优化，有助于促进老龄化社会向更加健康的方向发展。

图 2-5 所示的这件设计作品名为"生命树"，这款概念设计是北京邮电大学国家级大学生创新项目的产出成果之一。它是一款工程技术和艺术设计相结合的创意家居产品，从视觉情感上鼓励老年人多参与运动，保持健康活力，可以说它所倡导的是一种追求健康、积极向上的生活态度。产品的设计灵感就来源于设计者与父亲的一段对话。大致是年长的父亲缺少运动，女儿劝他要多运动多锻炼，但是父亲却说运动了却看不到有什么变化，感觉很没意思。因此设计者就有了这款产品的最初构想，让人运动后可以直观地看到运动的效果，从而坚持继续运动。

这款设计主要包括生命树和计步器。其中，生命树部分是信息接收端，可以作为家中的装饰品。计步器如同随身携带的小挂件，可以把老年人整天的运动量记录下来，老年人回到家中就可以把计步器上的运动信息通过无线传递到生命树上，生命树上的LED灯根据运动量的多少被"点亮"：运动越多，亮的灯越多，生命树会自动呈现更加生机的景象。老年人便能从视觉上感知自己如眼前这棵树般充满生命活力，给老年人"生命在于运动"的积极暗示，提醒老年人应多参加运动才能更健康。老年人也会因此更愿意主动参与锻炼，保持健康、充满活力的生活状态（如图2-6所示）。

图2-5 "生命树"使用场景　　　　　图2-6 "生命树"使用原理

目前市场上的许多产品"重少轻老"，在设计和开发上更多地考虑了青年人的喜好，却忽视了数量众多的老年客户群体的特殊需求与体验。例如市场上的很多手机，显示屏幕小、信息字符小、按键密集、声音细小、操作复杂，而且许多功能对老年人而言是不适用的。老龄产品设计的关键不是设计本身，而是设计者心中是否有老年人这个群体的存在。为老年人进行情感化设计，重视老年人的内心感受和情感需要，为产品注入情感因素，使产品在满足基本需求的同时还能够满足老年人情感体验上的缺失，应该是当前设计者需要主要思考的。

2.2　老龄产品设计与包容性设计和通用设计

在西方，从美国20世纪六七十年代开始的法律强制执行的无障碍设计，到90年代的通用设计（Universal Design）、全民设计（Design for All）以及包容性设计（Inclusive Design）等，这些概念在北美以及欧洲众多国家的广泛传播，影响到全球各地，也正反映出人们对设计在实现社会公平与和谐过程中所起作用的反思。设计正在扮演着一个日趋重要的角色，从器物到环境、系统、战略无处不在，深刻影响着我们的思想和行为。

2.2.1 老龄产品设计与通用设计

通用设计，又名全民设计、全方位设计或者通用化设计，意指无须修改或者特别设计就能为所有人使用的产品、环境及通信，即如果能被失能者使用就更能被所有人使用。通用设计涵盖广泛，以我们的每日生活为设计内容，包括我们身边的所有事物在内。通用设计起初是发达国家在公共设施、产品设计上制定出来的一些标准，后来更进一步在城市规划、建筑设计、产品设计、视觉传达设计中形成了规范。最近很多国家也开始制定自己的通用设计规范和标准。作为对通用设计的理解，在1990年中期，朗·麦斯与一群设计师为通用设计定了7项原则（如图2-7所示）：

图2-7　通用设计7原则

（1）公平使用：这种设计对任何使用者都不会造成伤害或者使其受窘；

（2）弹性使用：这种设计涵盖了广泛的个人喜好及能力；

（3）简易及直观使用：不论使用者的经验、知识、语言能力及集中力如何，这种设计的使用都很容易了解；

（4）明显的信息：不论周围状况或使用者感官能力如何，这种设计有效地对使用者传递了必要的信息；

（5）容许错误：这种设计将危险级因意外或不经意的动作导致的不利后果降至最低；

（6）省力：这种设计可以有效、舒适及不费力地使用；

（7）适当的尺寸和空间以供使用：不论使用者的体型、姿势或移动性如何，这种设计提供适当的大小及空间供操作使用。

另外，通用设计的三项附则如下：

（1）可以长久使用，具有经济性；

(2) 品质优良且美观；

(3) 对人体及环境无害。

通用设计强调的是产品设计外形和功能的密切关系，也就是让使用者能够一目了然地知道这个设计是用来做什么的。比如容器的把手，要让各种人都能够取用方便，容易掌控，一眼就知道应该握住哪里。如果有一部分的公众使用起来有困难，就算不上是通用设计了。

理解通用设计很容易出现一个误区，认为这只是给残疾人的设计。实际上通用设计是针对所有人的设计，其中包括了针对残疾人士的设计。举几个简单的例子：当我们气喘吁吁地拉着行李箱时，公共建筑如火车站入口处的残疾人轮椅斜坡通道就帮了我们的大忙；当我们满手物品，我们可以只借助上身的力量就能挤开里外都能开的门；当我们过马路的时候，有声音显示的红绿灯可以帮助我们更加安全地判断是走是停；当小朋友在公共场合洗手的时候，降低了高度的洗手池让他们不需要家人帮忙就可以自己搞定；当我们晚上回家屋里漆黑一片的时候，电灯开关那宽大片状的设计让我们很容易就找到并打开……这些都说明通用设计不仅仅是给残障人士的设计，我们正常人在日常生活中也会受益很多。通用设计的模型及通用设计案例如图2-8~图2-11所示。

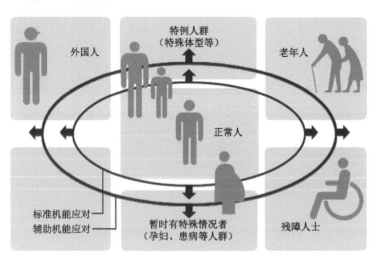

图2-8 通用设计的模型

图2-9　通用设计案例——供老弱病残孕使用的斜坡通道可以帮助提很重行李的人

图2-10　通用设计案例——大按钮电源开关使用方便

图2-11　通用设计案例——低高度洗手台可以方便老人、小孩、轮椅使用者等

2.2.2 老龄产品设计与包容性设计

有些人认为,包容性设计就是简单地在产品设计过程中增加一个环节,或者仅满足产品更易使用一个标准就够了,抑或仅为某项身体功能丧失的人群而设计产品。事实并非如此,包容性设计应当被植入设计和改良过程中,带来消费者渴望拥有和满意使用的更好的主流产品。

2005年,英国标准协会将包容性设计定义为"主流产品或服务的设计能为尽可能多的人群所方便使用,特别的适应或特殊的设计"。包容性设计通过满足通常排除在产品使用范围之外的群体的特殊需求,使产品面向更广泛的用户并提高他们的使用体验。简而言之,包容性设计即是更好的设计。

包容性设计在本质上是对早期的专门为老年人和残疾人设计的一种颠覆,它将老年人和残疾人融入主流社会。市场、公共机构以及政府应该理解现代老龄化社会的现实,要把老年人群体作为一个积极的社会群体看待,使他们可以积极地为自身创造未来和机会,能照顾和养活自己。包容性设计区别于通用设计的出发点在于:事实上没有任何一个设计可以完美适应每一个人。包容性设计涵盖的范围比通用设计更加广。

包容性设计不同于为少数人的专门设计,其对所有人开放。无论是设计师、大众、政策制定者——每个人都可以用包容性的思维进行思考,用包容性的过程参与设计,用包容性的行动改善社会。包容性设计对正在提倡"包容性增长"的中国意义深远。作为人本设计的方法和实现社会创新的手段,其提倡设计师与大众的平等合作,强调设计的社会效益。对于老龄产品设计而言,需要有包容性设计思想。

包容性设计的产生源于以下三个方面:以用户为中心的理念、人群的觉醒、商业的导向。现如今,社会群体中的人们在身体能力、技巧、过往经验、渴望和观念上具有很大的差异,面对这些差异,以用户为中心的理念形成,以便了解不同类型人群的需求,并为其寻找到好的解决办法。人们意识到依照二元思维将社会群体中的人分为残障人士和正常人士是不科学的,实际上人的身体能力受各方面复杂因素的影响,程度会各有不同。运用包容性设计会顾及更多人的感受,会使产品更加完善。包容性设计的成功应用能够提升产品的功能性、可用性、消费者期望值,并最终带来商业利润。

为什么我们需要包容性设计?全球正面临着老龄化的趋势,保持这批老龄人群的生活质量和独立生活能力变得越来越重要,是每个国家都需关注的问题;同时年龄增长带来身体机能的退化,有时会很难容忍身体机能减退带来的产品和服务使用上的不便；人们越来越推崇简单化，即简单的功能、简单的操作、方便易用，有些时候产品可以被设置和方便操作已经成为用户能利用该产品做什么的前提。

OXO 公司设计的系列厨房用具获得了许多国际奖项，该公司的战略就是设计好用的和消费者期望的产品，产品线更是包含了 500 多件涵盖家庭用品不同领域的创新产品。其中，OXO GoodGrips 好握系列用具被很多英国和国际机构公认为是优良的包容性设计典范。

该公司的设计洞察力来源于对生活的观察，它发现很多中老年妇女患有关节炎，这些群体大多负责家庭的烹饪，而一些厨房用具很少考虑如何方便使用和如何减轻使用负担等问题。改良削皮器的诞生便是源于一位 60 岁名叫 Sam Farber 的老人。他的太太患有关节炎，有一次他听到在厨房干活的太太抱怨说："为什么没人做一个所有年龄的人都适用的削皮器？"这是由于其他厂家生产的削皮器把手很小，这让患有关节炎的人很难拿稳。太太的一句话让 Sam Farber 产生了灵感，于是他动手改良削皮器（如图 2-12 所示）。紧接着该公司开发了 OXO GoodGrips 系列产品（如图 2-13 所示），可以说这是一系列非常好的通用设计和包容性设计产品典范。

图 2-12 OXO GoodGrips 系列削皮器

图 2-13 OXO GoodGrips 系列其他产品

改良削皮器设计之初，工作人员经过了大量的人机工程学测量，最终他们选择了一种理想的椭圆形手柄，原因是这一形状便于把握控制。为了使削皮器有一种良好的触感，并保证有水时仍然有足够的摩擦力，设计人员专门花费了大量精力去寻找合适的材料，并找到了一种合成弹性橡胶。它一方面具有足够的弹性，可以让你紧紧地抓握；另一方面具有足够的强度来保持形状，同时能够在洗碗机里清洗。OXO削皮器使用方便舒适，拥有良好的用户使用评价。不仅老年人很喜欢使用，连小孩也为自己能独立使用而感到有趣，产品因此获得巨大的成功，得到了各界的肯定。

2.3 老龄产品设计与 Living Lab 创新模式

Living Lab 的概念最早源于美国，1995 年，美国麻省理工大学媒体实验室研究智能城市的 William Mitchell 教授提出 Living Lab 的概念。他认为很多如泛在智能化的信息服务是无法在实验室环境中进行设计的，解决诸如城市信息化等复杂问题时，必须要有新的创新模式。于是他定义出一种活性的实验室模式，即 Living Lab 创新模式。

在芬兰学者 Veli-Pekka Niitamo 的推动下，芬兰以及北欧一些国家开始在 2000 年前后尝试建立各种 Living Lab 的实验环境。2006 年，芬兰发起成立欧洲 Living Lab 联盟（European Network of Living Labs，ENoLL），经过 6 年多的发展，ENoLL 已经拥有了 320 个来自世界各地的成员，涵盖 3 万多家机构（如图 2-14 所示）。在全球国家创新能力排名中，芬兰位居第二，很大程度上得益于 Living Lab 这种创新生态系统。

图 2-14 欧洲 Living Lab 联盟

图片来自 ENoLL 网页截图

中国学者在 2006 年左右开始关注 Living Lab。Living Lab 直译过来叫作生生实验室。它的两个要素是：真实生活环境和以用户为中心。在此基础上强调多学科交叉以及和政府、企业、科研机构、公众的合作。受益于全球各种各样的 Living Lab 实践活动，多年来积累了大量的方法和工具，方法工具库一直在不断丰富中。在中国，第一位关注 Living Lab 概念并一直在国内积极推广的人正是北邮的纪阳教授。他的移动互联网创业公开课受到北邮学生甚至老师、已经毕业的互联网从业者的欢迎，好评如潮。这门课及其组织者移动生活俱乐部（MC2）便是 Living Lab 的实践者，后者是国内第一个 Living Lab 实体组织，现在已经发展为一个初具规模的创业孵化器。

中芬联合智慧设计生生实验室（Living Lab）是 2010 年中国科技部与芬兰劳动与经济部在第 14 届中芬科学技术合作联委会中，由北京邮电大学、北京市工业设计促进中心与芬兰 Aalto 大学共同签署合作协议成立的（如图 2 – 15 ~ 图 2 – 17 所示）。

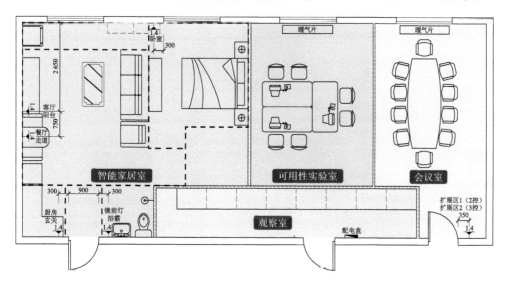

图 2 – 15　中芬联合智慧设计生生实验室布局示意图

根据欧盟项目官员 Olavi Luotonen 给出的定义，"Living Lab 是建构未来经济的一种系统。在这里以用户为中心的、基于真实生活环境的研究和创新将成为设计新产品、新服务和新型社会结构的常规手段"。

可见，Living Lab 创新体系，是建立在用户驱动创新方法和开放创新环境基础之上的，是对开放式创新理念的提升。而创新主体的开放性正是 Living Lab 创新体系的产生根源。Living Lab 创新体系将创新主体由企业本身、科研机构、高等院校和政府

图 2-16 中芬联合智慧设计生生实验室真实场景

图 2-17 中芬联合智慧设计生生实验室观察室

机构，进一步扩展到技术和服务的终端用户，涵盖了政府、市场、用户、专家、资金等多种与创新密切相关的因素，而这正是 Living Lab 创新体系的精髓。更为重要的是，Living Lab 创新体系不仅仅实现了创新主体的扩展，更是围绕用户需求，将与之相关的利益相关者，如政府、企业、投资人以及高校科研院所，密切地结合在一起，形成了满足用户需求并实现其产业化价值的创新生态环境。Living Lab 创新体系所构建的创新生态环境，已经实现了对开放式创新理念的整体提升，正是在此基础上，Living Lab 坚持用户驱动的开放创新（User Driven Open Innovation），在智慧城市、低碳节能、弱势人群关爱等方面，借助其所构建的独特开放创新生态环境，取得了丰硕的研究成果（如图 2-18 所示）。

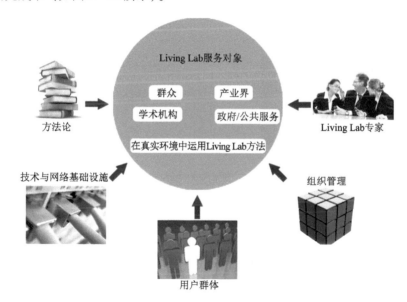

图 2-18 Living Lab 要素

虽然对于什么是 Living Lab 人们有不同的定义，但以下五项被认为是所有 Living Lab 操作的核心：可持续性、开放性、真实性、使用户参与创新和自发性。

（1）可持续性指的是经长时间累计的经验、知识和合作关系。

（2）开放性则在 Living Lab 创新进程中扮演了极其重要的角色，Living Lab 的创新进程正是以收集多元化观点为基础的，这些观点可能为市场带来更快的发展、新点子和意想不到的商机。

（3）真实性指的是 Living Lab 应该将关注点放在现实生活环境中的真实用户，因为这正是 Living Lab 和其他联合创新环境的不同之处。

（4）使用户参与创新则与用户在创新中的重要性和保持用户在创新中的主动性和参与度的重要性息息相关。

（5）自发性指的是在创新的全过程中使所有参与者能够投入其中。

设计是产业过程中的一个环节，也是一个具有高附加值的环节。有学者认为，Living Lab 之所以在北欧等国家率先推动，也是与这些国家深厚的工业设计底蕴分不开的。北欧各国历来有参与式设计（Participatory Design）的传统，参与式设计主张在设计过程中引入用户的参与，让用户的思考和创新成为产品设计的重要因素，与 Living Lab 的基本思想是一致的。对于从事参与式设计的人而言，Living Lab 是参与式设计一种更加体系化、集成化、常规化的形式，能够使得设计公司更加高效地对接相关技术提供者与需求提出者。

在北京，工业设计被列入文化创意产业，政府从各个角度推动工业设计的发展。但是，在我国，工业设计的发展受到工业基础、社会意识、版权保护等各个方面的制约。因此，工业设计领域中有相当多的企业从事着低附加值的业务，仅仅承担"出个图"的角色，并不能够真正引领产品创新，成为高端价值的实现者，乃至推动新型行业的建立。在过去几年中，在工业设计领域推动用户参与式创新，有一定的阻力。近年来，随着北京工业设计领域创新环境的优化和创新能力的提升，越来越多的企业希望从事具有一定创新度的设计，帮助客户发现价值，把提升设计水平作为重要发展目标。

好的产品设计是与环境相融合的。环境的多样性导致了其所涉及知识的复杂性，因此创新过程往往也是多学科交叉创新的过程。就如 Eriksson 等人的建议，创新体系中应该让来自不同背景，具有不同视角、知识和经验的人们相互合作。多学科合作一直是一个难点问题，其意味着复杂的沟通和组织工作。不同学科的知识体系、语言体系以及关注点间都存在着很大差别，相互交流的效率通常较低。然而知识的重组和创新往往是在多个学科视野下进行的，能够创造多学科合作文化的能力是一个研究群体重要的组织技巧，甚至是其生存的优势。

Living Lab 创新方法实践案例：老少联和老人一起设计自己的家。

在这里简单介绍一下老少联大学生公益组织。老少联大学生公益组织是纪阳老师发起并倡导的一个公益组织，关注的是人口老龄化问题。走进老人生活了解他们的真实需求，和他们一起在生活中寻找优化生活的方法，带动他们享受积极的老年人生活，过程中体现陪伴和温暖。本书在后边的附录中有关该组织的详细介绍，在此就不再赘述。

为了了解老年人家居环境布局中的要点，老少联想到手工游戏的方法。在游戏中，每位老人都拿到一张室内平面图和按照等比例缩小的家具、电器等图片以及剪刀、铅笔、胶水等工具，他们被邀请用这些制作他们理想中的环境布局设计图（如图2-19所示）。

图2-19 为活动准备的各种工具

活动并不要求老年人设计出完美的家居布局解决方案，只是希望在动手拼图的过程中，倾听他们对每一个决策给出的理由。在老人进行设计的过程中，老少联都会有一位年轻人在旁边辅助他，同时听老人讲述他每一步决策的原因是什么。手工游戏帮助老人进入了家居的场景中，边做边讲，触发了许多思考。

同时，老少联为老人提供了各种家居设计的照片，请老人选择他们喜欢的家居，并说明原因。由于此次活动进行的场所多为老人所在的社区休闲区，熟悉的场合使得老人没有戒备，也不会因为自己成为一个被观察对象而感到紧张，因而他们能够自如地表达（如图2-20～图2-22所示）。

关于与陌生的老人接触，这里有几个经验可以和大家分享。

第一，不怕被拒绝，稍稍调整策略，再找下一位。要相信老人都是很友善的，

图 2-20　老少联志愿者和老人一起讨论

图 2-21　老人在认真"设计自己的家"

他们应该是最好接触的一类人了，同时他们比较有时间，很多还很热心愿意停下来与你交流。

第二，表明身份和来意，老年人通常不会拒绝。

第三，每个社区附近都有几个老人活动的场所，如公园、广场等一些有较大活动场所的地方。城市建设留给人们的活动空间越来越小，很多天桥底下都被老人家

图2-22 老人高兴地向我们展示她的成果

利用来做"活动室"了。上午九、十点和下午三点半左右是老人出来活动比较集中的时间。

第四，微笑，大部分老人是不会拒绝面带善意的人的。

第五，如果需要对整个社区的老人进行调研的话，可以联系居委会，获得在社区里进行调查活动的认可。居委会许可的，老人会更信任。

2.4 结语

设计方法只有在具体的设计实践中才具有意义，在设计方法的每个环节中，设计师都可以进行一定的微创新，在遵循一定的设计流程的同时，设计师也一定不要忘记自己的直觉。以上的论述，希望对设计师在设计实践中具有参考意义，为老龄这个特殊的群体做设计，其方法和流程肯定会特别不一样，需要设计师们细心地不断去完善和修正。

2.5　参考文献

[1] 唐林涛. 工业设计方法［M］. 北京：中国建筑工业出版社，2006.
[2] ［美］恰安，［美］沃格尔. 创造突破性产品——从产品策略到项目定案的创新［M］. 辛向阳，潘龙，译. 北京：机械工业出版社，2004.
[3] ［美］Donald A. Norman. 情感化设计［M］. 北京：电子工业出版社，2005.
[4] ［美］Donald A. Norman. 设计心理学［M］. 北京：中信出版社，2003.
[5] 余虹仪. 爱·通用设计［M］. 台北：网路与书，2008.
[6] 张英，王云才. 发达国家户外开放空间包容性设计经验与启示［C］. 中国风景园林学会 2011 年会论文集（上册），2011.
[7] 黄群. 无障碍通用设计［M］. 北京：机械工业出版社，2009.
[8] ［美］凯文·莱恩，凯勒. 战略品牌管理［M］. 卢泰宏，吴水龙，译. 北京：中国人民大学出版社，2009.
[9] 刘洋，朱钟炎. 通用设计应用［M］. 北京：机械工业出版社，2010.
[10] 姜可. 通用设计——心理关爱的设计研究和实践［M］. 北京：化学工业出版社，2012.
[11] ［日］原研哉. 设计中的设计［M］. 纪江红，朱锷，译. 桂林：广西师范大学出版社，2010.
[12] ［美］亨利·切萨布鲁夫. 开放式创新——进行技术创新并从中赢利的新规则［M］. 金马，译. 北京：清华大学出版社，2005.
[13] 联合国经济合作组织 OECD. 在学习型经济中的城市与区域发展［R］. 2000.
[14] Klaus-Dieter Thoben. *Living Labs as Innovation Service Providers，Entrepreneurial Innovation and Living Labs*，BIBA-Bremen Institute of Industrial Technology and Applied Workscience，20/06/2007 – 21/06/2007
[15] 王圆圆，周明，袁泽沛. 封闭式创新与开放式创新：原则比较与案例分析［J］. 当代经济管理，2008（11）.
[16] 张继林. 价值网络下企业开放式技术创新过程模式及运营条件研究［D］. 天津：天津财经大学，2009.

[17] Svensson J., Ihlström Eriksson C., Ebbesson E.. *User Contribution in Innovation Processes—Reflections from a Living Lab Perspective.* Halmstad University Sweden.

[18] 宋刚，李立明，王五胜. 城市管理"三验"创新园区模式探索［A］. 中国行政管理，1006 - 0863（2008）专刊 - 0098 - 04.

2.6 延伸阅读

1. 唐纳德·A·诺曼

唐纳德·A·诺曼（Donald Arthur Norman）为美国认知心理学家、计算机工程师、工业设计家、认知科学学会的发起人之一，关注人类社会学、行为学的研究。代表作有《设计心理学》《情感化设计》等。

唐纳德·A·诺曼的目标是帮助企业制造出不仅满足人们的理性需求，更要满足情感需求的产品。他认为，一个良好开发的完整产品，能够同时增强心灵和思想的感受，能够使用户拥有愉悦的心情去欣赏、使用和拥有它。

2. 全民设计

全民设计（Design for All）是首尔设计展的主题，表面上的意思是为大家的设计。看着很简单，却是一个极具创新的思想，其背后隐含着深刻的含义，即大家都来做设计（All for Design）。它指出设计并不只是设计师的专利，既然设计的目的是为了大家，那么人人都可以做自己的设计师。学生、家庭妇女、明星模特、小孩子、智力障碍者等都可以成为设计者，只要有想法有创意就应该拥有设计的权利。

只有做到了"All for Design"，才能真正实现"Design For All"。

3. OXO 公司介绍

(http://www.oxo.com/default.aspx)

美国 OXO 公司生产的家庭用品一向都是消费者眼中的王牌产品，作为美国人引以为自豪的颇具创意的公司，OXO 的使命就是致力于为消费者提供创新产品，使日常的生活更轻松。公司建立在通用设计理念上，就像公司的名称 OXO 一样，不论是水平、垂直、上下或前后颠倒，它总是读"OXO"。这意味着公司设计的产品使尽可能多的人使用，不论青年人或老年人，男性或女性，左力手或右力手……公司的起步源自改良削皮器，后来公司将产品延伸到办公用品、医疗设备和婴儿用品领域。虽然 OXO 产品比商场其他货品贵 4～5 倍，但是独特的功能和足够多的"好处"，使客户还是愿意接受。OXO 公司的理念很简单，即对于一些不够完美的产品，根据消费者的需求和反馈的信息，对产品不断进行改进，哪怕有一丁点瑕疵都不放过。而实际上正是这些一丁点的改进让产品发生了翻天覆地的变化，给公司带来了意想不到的经济效益。

4. 日本著名设计师深泽直人

深泽直人（Naoto Fukasawa），毕业于多摩美术大学工业设计系，是日本近代活跃的工业设计师。他的设计作品被普遍认为是朴素、无须思考就能使用的。而他本人被称为"without thought"。他的设计主张就是：用最少的元素（上下公差为 ±0）来展示产品的全部功能。目前是家用电器和日用杂物设计品牌"±0"的创始人和设计师、无印良品的设计师，也自行成立了"Naoto Fukasawa Design"工作室。

主要作品有：

（1）无印良品的"壁挂式 CD 播放器"，获得 2000 年好设计奖；

（2）DANSE 的 Bincan 纸屑桶；

（3）与日本电信公司 KDDI 旗下的品牌"au"合作，设计了"INFOBAR"手机；

（4）2006 年，再度与"au"合作，设计了"neon"手机；

（5）±0 品牌的家电与杂货，其中的"加湿器"获得 2006 年的好设计金奖。

5. 封闭式创新和开放式创新

经济社会中，企业需要基于创新理念和方法保持企业的核心竞争优势。封闭式创新（The Closed Innovation），是 20 世纪 80 年代以前企业通用的创新模式。可以看到，在封闭式创新中的企业边界是明晰的，企业内部与外部创意的交流完全被阻断，必须通过企业内部的筛选和淘汰，实验室的创意成果才能够转化为技术和服务。因此，在封闭式创新中企业关注的主要是内部创新行为。

开放式创新（The Open Innovation），是 Henry Chesbrough（2003）在其专著《开放式创新：从技术中获利的新策略》一书中首次提出，其核心理念就在于不再区分创新是来自于企业内部还是企业外部，进而把外部创意和外部市场化渠道的作用上升到相当重要的地位。其产生有着深厚的现实需求和客观条件，根本原因在于产品生命周期的迅速缩短而导致对创新速度要求加快。在开放式创新中的企业边界不再清晰，企业内部的创新优势可以扩散到其他企业发挥作用，同样企业外部的创意成果、创新实践也可以被企业接收、采用。

第3章 老龄产品设计之"衣"

3.1 问题

林建婷是海口一家服装公司的销售员,从事服装销售的工作已经有六七年了,她非常喜欢自己的工作,"帮顾客挑选到满意衣服的那一刻,是我最开心的时候!随着生活水平的提高,人们对穿着也越来越讲究。"她又非常孝顺,作为服装销售人员,逢年过节想给父母买衣服做礼物的时候,都要跑很多地方才能买到。因此希望能够生产更多老年人的服装,并在商场开设中老年人服装专柜,让老人买衣服更方便。

(2012年11月12日　来源:《海南特区报》　记者:张云)

这个周末,在苏州工作的何女士特地赶回镇江,准备给父母买些衣服、鞋子作为节日礼物送给他们。"带着爸妈跑了好几家商场也没买到合适的,老人的东西不好买。"她说,每次替父母买衣服、鞋子,不逛上二四家商场是找不到的。她告诉记者,大商场里不仅价格让人看不懂,关键是款式要不就是年轻化、个性化,要不就是适合中年人的,适合老人的衣服鞋子少之又少。大超市里虽然也有部分老人的衣服鞋子,可款式都太少,没什么选择的余地。"以鞋子为例,人老了脚形也变了,最怕挤,而且现在市场上的鞋子号码都偏小,而且版型瘦,底子不够软。"她说,带着70多岁的妈妈在商业城转了几圈,终于买到一双软软的羊皮单鞋,但是鞋面上顶着一朵闪亮亮的水钻花,样式太潮,"虽然不太适合老人穿,不过毕竟穿着还算舒服,就凑合了。"

(2012年10月22日　来源:镇江新闻网　记者:胡冰心)

爱美之心，人皆有之。古人云：肚子一饱便思衣。老年人也不例外（如图3-1所示），但是人们往往忽视了这一点。现如今老年人收入增加了，子女们也非常孝敬，老年人的生活条件提高，但是他们买衣服变得很难，买到称心如意的衣服更难。因此好多人都在感叹："买老年人的衣服真难！"为什么老年人服装会出现有求无市的局面？

图3-1　爱美之心人皆有之

主要原因大概有以下两点：

（一）市场不够成熟

无论是消费者还是商家都存在"重少轻老"的现象，当我们在各大商场走访时会发现，这里几乎都是年轻人的地盘，婴童用品市场繁荣，各类时尚服装遍地开花，而老年人服装、用品却寥寥无几（如图3-2和图3-3所示）。想买点老年人的衣服，就不得不去背街的某个小店、偏远的低端市场，在那里也许才能找到质地差、样式老、色彩暗淡的所谓老年人衣服。只是这些实在不能够满足现在老年人的需求，他们的思想已经不再停留在20世纪七八十年代了。如今已进入退休年龄的中老年群体，其中一大部分都是双职工、有文化、有较高收入的人，并且积攒了一辈子，经济实力可观。衣服也不再是只会捡儿女的来穿，"新三年旧三年缝缝补补再三年"这句话已经被大多数人抛弃了。我们不妨去看看那些跳广场舞的阿姨们，她们一个比一个打扮得漂亮，身体、气色也非常好。她们也喜欢拍照、喜欢漂亮的纱巾、喜欢花毛衣。"老年人的价值观、消费观与生活方式在不断更新，其消费需求正在向高层次、高质量、个性化、多元化的方向发展，花钱买健康、买年轻、买舒适、买享受、买方便正成为他们的生活追求。"

图3-2 年轻女士衣服专柜

图3-3 老年人服装店

但是另一方面却是商家的冷处理,经营多年女装店的夏女士说:"老年人的生意挺难做的!"老年人服装生意并不好做,原因是老年服装款式的更换周期较长,利润空间小,老年人的购买能力有限,再加上老人都比较节俭,消费水平也远远低于年轻人。

(二) 老年人服装需要特殊的考虑

随着阅历的增多和事业的发展,中老年具备了长者特有的气质和风度,表现出一种成熟美,所以中老年着装既要大方、富有神采,又要在款式、材料、色彩、工艺等方面与年龄、职业、体态相适应,因此在服装设计上要求较高,需要考虑体型、心理、购买力等。

不论是年轻人还是老年人,相信大家都有这样的经历,衣服穿久之后即便不坏,也会被淘汰掉。对于年轻人来说主要原因是衣服不再流行、不显时尚。但是对于年龄大的人来说,放弃现有衣服是完全被迫的,原因就是中年发福。不论男士还是女士,中年发福已经是不容忽视的问题,随着人们生活水平的提高,这一现象越来越严重。有些人认为专门为体态变化的人设计衣服是一种资源上的浪费,每个款式的衣服都有大小码之分,在没有发福之前,人们可以选择穿着小码,而在发福之后,可以买大码的衣服。但是事实是这样的,衣服虽然分大小码,但中老年人在买大码衣服的同时,经常会遇到腰的位置合身了,但是肩膀部位就太大了的情况,因此,专门为发福群体设计服装是有必要的。这不仅是市场需求,还包含着社会关怀。

在体型方面,随着年龄的增长人的体型并非一成不变,中老年的体型与年轻人的体型有着明显的不同(如图3-4所示)。由于人们生活水平的提高,摄入高热量食品的增加,锻炼相对减少,内分泌变化,激素调节能力降低,很多人身体开始发福,肌肉松弛,脂肪在腰腹部堆积,体型出现胸围腰围增加的现象。中老年人的体型可以分为三类:一是略粗型,这些人总体看来比较丰满,胸、腰、臀部略粗,脸部皱纹不明显,皮肤有弹性,不显老;二是瘦型,实际也不瘦,只是在胸部及各部分肌肉无弹性,腰部粗略,这种人体型常显得黑或显得老;三是腹部很粗,隆成大肚,形成"宝塔"型"将军肚",这种人显得老,但还稳健。另外,由于中老年人骨骼成分的流失,身高减缩,骨骼形状发生变化,例如由于脊椎的变形而出现驼背、含胸等。同时,老年人的体型差异也比较大,整体或胖或瘦,胸背或驼或直,规律性较弱。

图3-4 老年人体型身材发生变化

老年人的服装不仅需要考虑到老年人的生理体型方面，还要考虑老年人的审美心理和购买能力。因此设计时可以把中老年服装分为三类：一类是传统型，即久穿成习的款式和色彩。二是创新型，设计新颖、色彩适中、大方，并被思想观念新潮的中老年所接受，如绣花夹克、花格相拼衬衫、金婚银婚新娘新郎礼服等。这些服装使中老年人重现青春活力，但易受经济条件的制约。三是实用型，如睡衣衫裤、短裙、短裤等。

另外，我们还需要尽量让老年人穿着鲜艳些。据日本警视厅交通部披露，近年来死于交通事故的老年人比例不断增加，已引起有关部门的高度重视。为此，交通部专门对这一问题进行了分析研究。结果表明，老年人穿着朴素、服装不够显眼是造成事故的一大原因。受害者几乎都是身着黑色系列或花色系列服装的人。由于这些颜色与周围的色调极其相近，故而司机难以辨认，往往造成车祸。因此，日本政府向老年人发出号召："请中老年朋友们穿戴得更漂亮，更引人注目些！"

3.2 案例一：Smart Clothing

2013年3月3日，美国财富杂志《福布斯》张榜十大可帮助老年人的高科技产品名单，这些产品被乔治·梅森大学协助起居及老年人起居管理项目主管安德鲁·卡尔（Andrew Carle）称为"奶奶科技"，比如说远程监护系统Grandcare、医药管理装置MedMinde以及有GPS定位功能的鞋子等。这些高科技产品将会让老年人的晚年生活更加幸福安逸，Smart Clothing（智能服装）就是其中之一（如图3-5所示）。

Smart Clothing这件衬衫是由总部设在美国佐治亚理工学院的研究公司SensaTex研发的，里面包含各种传感器，可以用来掌控穿着者的健康情况（比如说心率、呼吸、血糖等）。当这些掌控数据出现反常或者超标时，系统会第一时间向监护者发出警告，提醒穿戴者和医生。

随着生活水平的提高，人们越来越重视身体健康，各种与健康相关的话题被人们提

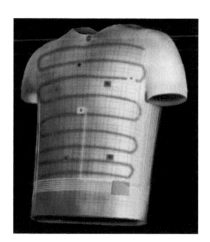

图3-5 Smart Clothing 示意图

起,"移动健康"就是一种新的健康模式。"移动健康"是指利用现有的科技,如生物技术、信息技术、互联网技术、材料技术等,通过对身体状况的检测和跟踪,使得用户能够实时了解到自己的健康状况。"移动健康"的相关产品很多,其中智能服装便是大家热议的话题。智能服装是一个新型领域,它是微电子技术、新型传感器技术、现代通信技术、智能控制技术、纺织技术及其他相关新技术学科交叉的产物。

衣服是我们每个人生活中都必不可少的东西(如图3-6所示),随着科技水平的不断提高,人们对服装的要求已不仅仅停留在御寒、保暖、遮体和视觉美观等基本功能方面。衣服凭借其不显眼、无处不在、自然、始终与皮肤密切接触等特点而变成身体数据检测的媒介。由此,智能服装引起了人们的关注,成为服装发展和研究的前沿领域,例如温控、形状记忆、光敏变色等服装能随外界变化而感知并自动产生某些功能。

图 3-6 日常生活中的衣服

随着计算机技术、通信技术和网络技术的发展,以及生物技术、信息技术、互联网技术、材料科学与传统的服装工艺的结合,智能服装又可以具有更广泛的功能和用途。智能服装正在成为下一个扩展"移动健康"和"自我量化"的趋势。对老年人来说,当年龄增大之后,身体各部分潜藏的疾病开始显现,其中大部分疾病往往发生突然、毫无征兆,使得家人和老年人自己措手不及,如果救治不及时还会造成非常严重的后果,给老年人带来沉重的打击。一些潜在疾病的发生也会导致一些生理参数发生相应的变化,人体的健康状况一般可以通过一些生理特征间接地进行反映,例如体温值和心率值指标是衡量人体是否健康的重要生理指标。因此我们可以通过对这些生理指标参数进行监测和记录,从而达到预防疾病的目的。

近年来,同时具有感知和反应双重功能的智能服装已逐渐走入人们的生活。这类日常生活用智能服装的研发大多集中于服装面料或拓展服装外延功能方面(如无线通信、多媒体娱乐等），利用传感器监测心率、体温及呼吸等体态特征，以及可以调节温度的服装方面的相关研究。而在加强和改进服装自身保健功能方面，以及检测人体生理指标的智能化服装的研究方面尚处于初级阶段。

美国的 Sensatex 公司和欧洲的 Ofseth 计划在用于健康监护的智能服装方面都取得了显著的研究成果。这种智能服装可用于检测人体体温等生理参数，具有可穿戴和移动方便的特点。由于智能服装可以实时地检测人体的体温变化，使发热引起的各种疾病得到了很好的预防和控制。

Squid 是一款 Northeastern University 高级工程技术和图形设计专业的大学生开发的带传感器的衬衫，它把一些传感器连接到压缩运动衫里，紧紧地贴在身上，捕捉和翻译肌肉因运动产生的电信号，跟踪锻炼过程中肌肉的输出功率和效率，显示和监测锻炼与行走的进度及能量消耗，并将数据反馈到网站上或 Android 应用程序上，在一个交互式的界面上呈现出一个人连续的活动状况。该装置也被称为超导量子干涉仪，可以帮助业余爱好者和专业运动员优化他们的锻炼，寻找最优化的锻炼时间和方式（如图 3-7～图 3-9 所示）。

图 3-7　Squid 衬衫

图 3-8　工作人员在对 Squid 衬衫进行测试

图 3-9　Squid 衬衫数据平台

英格兰伯明翰艺术与设计学院可视化研究所（Visualisation Research Unit at the Birmingham Institute of Art and Design）的作曲家、声音工程师乔纳森·格林（Jonathan Green）和舞者格雷戈里·斯伯顿（Gregory Sporton）开发了一套名为 MotivePro 的反馈系统，又叫"振动西装"（如图 3-10 所示）。它的原理就是对佩戴者身体的微小移动进行测量，当用户的移动超出了理想的范围之外，内置传感器的振动装置被激活，提醒佩戴者进行调整，利用了人体的肌肉记忆能力，使最终动作达到无意识状态。MotivePro 具有一个突出的功能：不仅可以分析数据，还能通过推动（Nudges）的形式为用户提供即时反馈，包括四肢的调整。使用者通过佩戴一系列传感器，使动作信息被 MotivePro 采集并分析，一旦有肢体活动超出了预设的范围，装置内的震动器就会震动以示提醒。如此来帮助使用者找到合适的、最佳的位置。同时它还能够根据时间记录下动作表现，以便事后观看。通过以上这些方法，使用者甚至能够找到之前一直没有发现的问题。

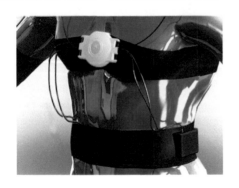 

图 3-10　MotivePro 震动西装

目前，MotivePro 震动西装已经量产。许多专业运动员会借助动作捕捉技术来帮助他们找出动作上的问题以便纠正。图 3-11 是体操运动员米米·西萨（Mimi Cesar）在使用这套系统进行动作训练。

图 3-11　运动员穿着 MotivePro 震动西装进行训练

Squid 衬衫和 MotivePro 震动西装这两款智能服装有一个共同点：它们还都处于原型阶段，距离提供给消费者还有一段时间。原因是在日常服装中应用无线传输和自检测技术并不让人很信服，还需要进行很多方面的改进，比如传感器体积要更小，并可以无缝地集成到布料的褶皱里，随着时间的推移还能够保持精度。同时价格也是大家可以消费得起的。当然，当我们打算穿着它进行体育锻炼时，它能够经得起洗衣机的揉搓而不被损害那是最好的。

如果应用得当，以上这些智能服装的相关技术完全可以为老年人服务，比如那些行动上有困难的人或者患有特殊疾病的人，可以帮助他们纠正自己的行为动作，避免肢体变形或者发生意外（如骨折人群、畸形患者等）。也可以帮助那些在工作中充满剧烈活动的人，防止他们意外受伤（比如保健工作者、行李搬运工、军事人员等）。现如今有一个新的名词"服装微气候"被提出来，服装微气候即"环境—服装—人体"工效系统内的温度、湿度、气流速度等因素的综合，能对人体的健康状况和舒适感产生很大影响。人体通过持续地与外界环境进行热量交换，来保持体温恒定以维持生命。通过服装的作用，人体本身产生的热量，与人体从外界所得的热量之间保持平衡。在相同的环境温、湿度条件下，穿着不同的服装可在衣服内部形成不同于外界环境的温、湿度条件，即服装微气候。服装微气候可以通过保温、散热、蒸发和换气等进行调节，而婴幼儿、重症病人、特殊工种人员等部分人群可能会处于本身不能表达自己主观感受的状态，需要通过第三者进行监护帮助，通过调节服装微气候来满足生理需求，所以监测人体舒适度对部分特殊人群而言显得尤为重要。

3.3 其他案例

3.3.1 案例二：老年人牛仔裤

牛仔裤因耐磨、穿着方便而被大家所喜欢，几乎每个人都有一两条牛仔裤。但是对于上了年纪、身材"走样"的中老年人来说，想买一条合身的牛仔裤却很困难，仿佛牛仔裤只是年轻人的专属。67岁的服装设计师吉尔曼来自美国的洛杉矶，她曾遭遇过这样的困境：想买条新牛仔裤，但花了6个月的时间也找不到一条合身的。这让她领悟到绝大多数服装品牌都只关注年轻人，针对中老年人设计的服装实在太少了，她不得不自己改了一条过去穿过的裤子。后来她发现身边很多年龄相近的朋友也都有这一苦恼时，吉尔曼决定专门为体态丰盈的中老年妇女设计时尚的牛仔裤（如图3-12所示）。当然会有很多人不理解，认为放着光鲜亮丽的时装不设计，而去帮那些又老又胖的女人设计牛仔裤实在让人不可思议。不过吉尔曼不仅坚持了设计，还把品牌推广到电视购物频道，这一系列产品在短短3分钟的时间里就卖出了5 000条。据统计，吉尔曼设计的牛仔裤在几年内，已累计卖出了500万条，而她则被誉为电视购物频道的"牛仔裤天后"。

图3-12　老年人牛仔裤

3.3.2 案例三：折袜

袜子是每个人的生活必需品。穿袜子看上去很简单，把袜子套在脚上提上去即可。但是观察大家穿袜子我们会发现一个有趣的现象，穿之前大部分人会有这样一个习惯动作：从袜筒到袜顶把袜子卷起来。这样做的目的其实是更方便快速地穿上袜子，可是，对于那些手指不灵活的老年人来说，穿袜子就不那么顺手、方便了。2008 年，我国台湾通用设计奖得奖之一的"Sock"袜通过人性的关怀和设计，以"方便、轻松"的方式，利用"褶皱"形式代替"卷"的动作，这时袜子与脚之间的摩擦力被褶皱轻松地取代，单手就可以轻松把袜子套在脚上，褶皱部分就顺着脚轻松地穿上了。(如图 3-13 和图 3-14 所示)。

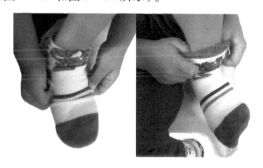

图 3-13 穿袜动作

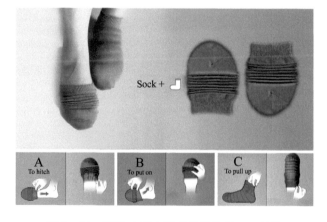

图 3-14 2008 中国台湾通用设计奖——折袜

设计师：刘荣承（明志科技大学）、陈宥任（台北科技大学）

3.3.3 案例四：拉链

最常见的衣服穿戴方式有纽扣式、粘扣式、拉链式、系带式等，其中纽扣式、系带式衣服每次都要系很多扣子或带子，穿脱起来比较费时费力，对手指不灵活的老人或者小孩子来讲就很困难。粘扣式虽然穿脱起来很简单，但是不够牢靠，容易脱开。因此拉链式衣服成为现在很多人的首选（如图3-15所示），老年人也很喜欢。但是老年人却经常遇到这样的问题，他们眼神不好、手指不灵活，固定拉锁下端时往往要尝试很多次才能成功，很容易让人产生挫败感。为此2008年中国台湾朝阳科技大学的吕

图3-15 普通拉链

建良把现有拉链进行优化，设计出了 Zipper 方便拉链（如图3-16所示）。在拉链顶端增加拉锁持握片，同时上面还分布有凸点，避免因为衣物柔软拉孔不易对准。让学龄儿童、视力降低、手部肌肉无力的老年人方便把握，完成穿戴动作。

图3-16 2008中国台湾通用设计奖——Zipper 方便拉链
设计师：吕建良（朝阳科技大学）

当然，这款设计还可以再进行优化和提高，比如把拉锁整个都设计得尺寸大一些，拉锁两边都可以加上持握片，对准拉孔这一动作可以设计得容错性更高一些等。

3.3.4 案例五：穿鞋器

在穿鞋的过程中，不论是在穿鞋、脱鞋还是取鞋，人们往往都需要弯下腰，这时候就需要扶着墙或者家具才能做到，或者有些人还需要坐下来才能穿上鞋子。而弯腰对于一些特殊群体是很不方便的，比如老年人、孕妇、肥胖者，若因弯腰失去

平衡导致摔倒将是一件非常危险的事情。

由台湾科技大学工业设计系的学生张佳音、吴义诚、洪闵祥设计的这款名为"鞋助"的穿鞋器就是帮助腰部不方便的人不用弯腰就能穿上鞋子的产品。设计者重新定义了鞋拔的使用方式，为传统的鞋拔赋予新的功能，增加了取鞋、放鞋的功能。同时增加了支撑身体以维持平衡的设计，让鞋拔对于穿鞋的人有更大的帮助（如图3-17和图3-18所示）。

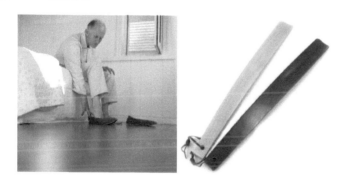

图3-17 穿鞋和传统的穿鞋器

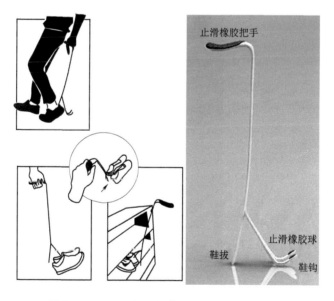

图3-18 2008中国台湾通用设计奖——鞋助

设计师：张佳音、吴义诚、洪闵祥（台湾科技大学）

3.4 结语

老年人没有了年轻时的窈窕曲线或魁梧身材,他们就希望通过着装来遮盖体型上的变化,同时又能体现成熟的风度。要想满足中老年人对服装的需求,首先要从产品的设计入手。服装设计的目的是了解老年人用户的需求,在为老年人设计服装的过程中运用 Living Lab 创新方法,能够帮助设计师准确把握老年人的真实需求,观察和体会老年人日常生活中的行为和习惯,同时邀请老年人参与到设计之中,提出宝贵的经验。此时设计师已经不是主导者,老年人用户变成"设计师",与设计师共同探讨问题的解决方案。在这一共同创新的过程中,设计师将会得到很多宝贵的建议和启发。最终再通过对老年人形体特点进行研究,结合老龄用户心理与生理需求,运用新型纺织材料和技术,从款式、造型、色彩运用、面料质地以及做工等方面进行合理的设计,从而更好地满足当代老龄用户的需求。

3.5 参考文献

[1] 王露. 以学科交叉和用户参与为特点的英国老龄服装设计研究模式 [J]. 装饰, 2012 (5).
[2] 王露. 关注老龄需求设计我们的未来 [J]. 中国纺织, 2011 (9).
[3] 北京信鼎达咨询. 2012—2016 年中老年服装行业市场调研报告 [R]. 2012.
[4] 王慧娟, 王宏付, 王静. 人体测量技术与中老年人服装号型制定 [J]. 武汉科技学院学报, 2006 (11).
[5] 王凤. 浅谈中老年服装设计 [J]. 国际纺织导报, 2005 (11).
[6] 孙兵. 嵌入式系统在智能服装中的应用 [J]. 北京服装学院学报, 2009 (1).
[7] 洪岩, 杨敏, 陈雁. 人体生理指标与服装微气候监测系统研发 [J]. 纺织学报, 2013 (1).
[8] 巩继贤. 智能服装的现状及展望 [J]. 现代纺织技术, 2004, 12 (1): 47.
[9] 陶肖明, 张兴祥. 智能纤维的现状与未来 [J]. 棉防纺织技术, 2002 (3).
[10] Jane McCann. *Presentation Design for Ageing Well*: *Improving the Quality of Life for*

the Ageing Population Using a Technology Enabled Garment System, Design Age Research Exchange, Tsinghua University, Beijing, 2010.

［11］ *Smart Clothes and Wearable Technology*, edited by J. McCann and D. Bryson, Oxford, Woodhead, Publishing, 2009.

［12］ 全国老龄工作委员会办公室：中国人口老龄化发展趋势预测研究报告［R］. 2006.

［13］ 肖游. 全国老龄办发布《中国人口老龄化发展趋势预测研究报告》［J］. 人权，2006（2）.

3.6 延伸阅读

1. 智能纤维材料

纤维名称	功　　能	应　　用
光学纤维	光学纤维由玻璃、石英或塑料等透明材料制成核芯，外面有低折射率的透明包皮。利用全反射规律使光线在透明纤维中传播的一种光学器件。可以用来探测应变、温度、位移、物质化学浓度、加速度、压强、电流、磁场以及其他一些信号，是迄今为止发展最为成熟的纤维传感器	将光学纤维作为传感器植入衬衣来探测心率的变化，也可以根据光纤断裂后光传输信号的变化来判断人体受伤部位和受伤程度。在儿童、老人和病人的日常健康监护上有很好的前景
导电纤维	具有半导体的特性，电导率高，可以作为传感器使用。导电聚合物与光纤传感器结合或单独用于温度、应力、电磁辐射、化学物质种类和浓度等的检测	在受到外力拉伸后产生伸缩从而引起导电性能发生变化，通过这种记录和分析电信号的变化，可以探测出一些运动情况

续表

纤维名称	功　能	应　用
形状记忆纤维	形状记忆纤维是指纤维第一次成型时，能记忆外界赋予的初始形状，定型后的纤维可以任意发生形变，并在较低的温度下将此形变固定下来（二次成型），或者是在外力的强迫下将此变形固定下来。当给予变形的纤维加热或水洗等外部刺激条件时，形状记忆纤维可恢复原始形状，也就是说最终的产品具有对纤维最初形状记忆的功能	可用于智能服装和医学领域。如将形状记忆温度设置在人体体温附近，那么用这种纤维制成的丝线，就可作为手术缝合线或医疗植入物，有助于伤口的愈合
变色纤维	变色纤维是一种具有特殊组成或结构，在受到光、热、水分或辐射等外界刺激后颜色会改变的纤维，具有可逆性	分为光敏变色纤维和热敏变色纤维
调温纤维	根据外界温度变化，纤维中所包含的相变物质发生液—固可逆相变，存储或释放热量，在周围形成微观气候，实现温度调节功能	用于睡衣、运动衣和床上用品的制作
压电纤维	压电纤维是指在外力作用下可产生大量的电荷，并有放电现象	这种纤维的放电效果可以用于辅助治疗关节炎，同时也可以用作消除疲劳、抗菌、防臭和负离子发生等
智能抗菌纤维	抑制细菌任意繁衍，控制皮肤表面细菌的数量，使其维持在正常水平	可以用于体育运动服装、内衣、袜子、鞋衬、医疗用布和产业用布等方面

2. 威尔士大学智能服装研究中心

2004年，威尔士大学新港学院成立了智能服装研究中心，主要研究智能服装和耐磨技术，项目总监为简-麦肯教授，设立该机构的目的是通过与企业合作，开发出可以真正使用的智能服装产品，例如有跟踪定位或移动通信功能的智能服装，并最终能够自我筹资，促进智能服装产业的形成和发展。

3. 移动健康

移动健康是充分利用移动互联网通信技术来提供体检、保健、疾病评估、医疗、康复等健康管家服务。主要体现在信息、服务、应用和设备四大方面。在这个产业链上，一端是医生、营养师、健身教练等服务机构及相关专业人员；另一端是需求的用户；中间则云集了通过各种技术和手段为两端搭建桥梁的服务提供商，包括移动网络运营商、移动网络技术和设备供应商、移动终端制造商、IT公司（含软硬件供应商及系统集成商）、金融投资人、保险公司、公共健康医疗机构、银行及支付公司、私有健康医疗机构、医药公司、医疗保健供应商、研究中心、政府及非政府组织和解决方案提供商等。

4. 台北市自由空间教育基金会

台北市自由空间教育基金会（http：//www.ud.org.tw/web/index.php）是中国台湾第一个以推广通用设计为中心理念的第三部门，自成立以来便积极地与公共部门、企业、第三部门接洽及推广通用设计与无障碍环境教育。创办人唐峰认为人生无常，每个人都有行动不便的时候，设计是为了解决问题而非制造问题。因此推动通用设计奖，刺激设计界创造出所有人都能使用的环境和工具。

自由空间教育基金会，名称中即强调"教育"两字，基金会目标是向下扎根，于是创办了中国台湾通用设计奖，在每一届竞赛前走访各大设计院校进行巡回演讲，与学生面对面传达通用设计概念，让学生在参与竞赛过程中，体会不同类型的人的不同需求，并导入通用设计理念，创造出真正能为人带来幸福的设计，在学生心中埋下通用设计的种子，当他们进入社会后，能推动社会上的通用设计不断进步，创造真正的自由空间！

5. 中国台湾通用设计大赛

中国台湾通用设计大赛（http：//www.ud.org.tw）是由台北市自由空间教育基金会组织的大赛，主题包括八项：衣、食、住、行、吃、喝、玩、乐，自2006年第一届开始，大赛已经成功举办了七届，吸引了无数学生参加，并多次在世界设计大赛中获奖，使中国台湾通用设计在国际上被重视。历届比赛的主题为：食、净、衣、厨事、住居、居住空间、行。

第4章 老龄产品设计之"食"

4.1 问题

75岁的李奶奶牙口不好,很多东西都吃不了,所以总担心营养不够。儿女孝敬的不是药片就是口服液,每天吃又怕出问题。她说:"如果有专门给老人设计的主食、配菜就好了,毕竟天然食品吃起来放心。"(如图4-1所示)而现在市面上的老年食品种类太少了,都是奶粉、豆奶粉这样的冲调产品,还不如自己在家里煮些粥。还有一些老年食品卖的就是噱头,加点铁、钙就说是老年食品,还要比普通食品贵好多,但是里面到底加了什么东西我们谁也不敢保证。其实很多时候老年人只是想买些符合自己口味儿的、容易消化的食物。比如容易咀嚼的牛肉、少加糖的话梅等,可是这些几乎没有(2010年08月24日 来源:39健康网社区 编者:朱东漫)。

图4-1 食品——粥

对于挑食的年轻人来说，吃东西是一件需要认真选择的事情，没想到的是，原来老年人也有"挑食"的烦恼，选择吃什么、如何吃也是一个值得思考的问题！老年人"挑食"当然不是因为他们不喜欢，而是主要由于生理上的变化，老年人不得不"挑食"（如图4-2和图4-3所示）。

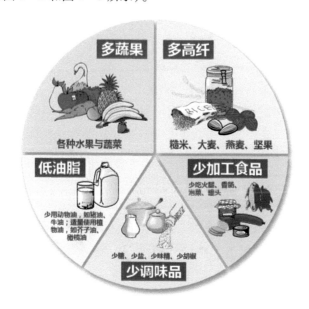

图4-2 老年人食谱

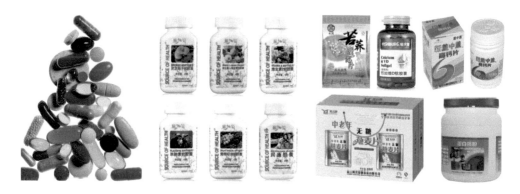

图4-3 市面上常见的功能性食品

人到老年，随着年龄的增加，生理上发生变化、疾病逐渐凸显，出现身体功能衰退现象。主要表现在代谢机能减弱，基础代谢降低；脂肪量逐渐增加，肌肉重量逐渐减轻；消化功能减弱，合成与分解代谢失去平衡，分解代谢超过合成代谢。同时还有明显的衰老现象，比如血压升高；心血管系统疾病增多；骨骼结构退化，骨质疏松等。以上这些常见疾病在很大程度上与老年人的日常饮食有关，科学搭配健康饮食对于老年人的身体健康至关重要。例如，老年人自身产生具有清除自由基物质的能力下降，从而削弱了对自由基损害的防御能力，引起了机体的衰老。为了防御自由基的这种损害作用，可以通过食物的摄入向身体输入适量的天然或人工合成的自由基清除剂，从而达到延缓衰老的目的。

同时由于老年人牙齿松动或脱落，咀嚼功能降低，唾液、胃酸和消化酶分泌减少，消化功能差。同时脑卒中、认知障碍、忧郁症等老年人退行性疾病造成的进食吞咽困难，严重影响了老年人的进食质量和效率。老年人的进食障碍主要包括咀嚼障碍和吞咽障碍，最常见的影响咀嚼功能的原因是缺牙（如图4-4所示）。据刘菊英等的统计，60岁以上老年人中91.6%的患者存在缺牙的情况，80岁及以上高龄人无牙列完整者，全口缺牙者占总人数的12.4%。吞咽障碍是常见的临床问题，指口腔、咽、食管等吞咽器官发生病变时，患者的饮食出现障碍或不便而引起的症状。有数据显示，在接受调查的老年人中有87%的人有不同程度的进食困难，其中，68%的人表现为明确的吞咽障碍。因进食障碍而造成的营养不良以及吸入性肺炎、窒息等并发症，使死亡率增高，美国全国因吞咽障碍、噎呛致死者每年超过1万人。而伴有痴呆症的老年人几乎都存在着不同程度的吞咽障碍。这些情况告诉我们非常有必要建立完善老年食品及餐饮辅具等的研究，以促进健康老龄化。

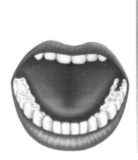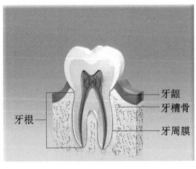

图4-4 老年人口腔发生变化

现如今发达国家已十分重视研究老年食品，老年人消费者关心的不再是能否"吃饱"和"吃好"的问题，而是"如何才能吃出健康和长寿"，更关心食物的质量和附加价值，重视食物调节生理机能的作用。据了解，美国重点开发的20种食品中，有13种与老年食品有关。日本早在1984年就成立了功能性食品研究部门，产品开发与生产十分迅速：超市里卖得最好的就是老年配餐，根据老人的营养需求，将主食、菜、肉加工成半成品，回家只需蒸熟即可；一些老人的零食上会标明硬度，老人们可以根据自己的牙齿状况选择；老人喝水容易呛到，为此专门开发了增稠剂，加入茶水、牛奶中，流体滑入喉咙时速度就会变慢避免呛到。德国有专门的老人食品商店，根据老人不同年龄段和各种慢性病的需求，提供从主食到饮料的"一条龙"食品。比如，有针对老人的方便主食，如米饭、面条等；有专为老人设计的啤酒，降低酒精浓度的同时保留了啤酒的香气，让爱喝酒的老人安心饮用（如图4-5所示）。

图4-5　国外的老年人食品

而我国目前在老年食品的研究、开发与生产方面都相对薄弱，缺少专门的生产厂家和专营的商品专柜，在整体上还没有形成系统化、专业化和规模化的老年食品工业体系。市面上的老年食物多以特调牛奶、麦片、核桃粉等糊粉冲剂出现，很多其实并不符合老年人的营养需求，只是打着"老年人食品"的幌子欺骗消费者，比如中老年麦片细碎易于消化的同时却添加了大量的糖分；中老年点心油盐严重超标；有些普通甚至质量不合格的产品，打着保健品的名义以高价卖给老人……老年人带着渴望健康长寿的美好愿望购买这些产品，但结果却让他们失望伤心。就连中国老年学会老年营养食品专业委员会主任委员蔡同一教授都不禁感叹：一个步入老龄化社会、拥有将近2亿老年群体的国家，却难买到真正意义上的老年食品！

除了食品的营养和搭配外，食品的包装与饮食的辅助工具也是制约老年食品发展的一大问题。想象一下，我们自己就是患有关节炎、风湿病或其他身体疾病的老年人，如果不用危险的刀具能否方便地打开家里的食品包装？使用现在的普通碗筷是不是感觉握起来有些吃力？超市中所谓的老年人食品，想要打开并非易事：低糖的酸奶杯需要一定力量才能揭开，而大包装的盒装酸奶更是需要力气才能完成说明上的"对折、撕开"……实际上我们不仅要关注老年人食品的"内容"如何，同时也要关注老年人食品内容以外的辅助产品（如图4-6所示）。

图4-6 市面上常见的产品包装

现在国际上已经有了相当多的针对老年食品包装的解决办法。例如，热成型包装将底膜的一个角从下面切掉一部分，这样在包装封口后可以很方便地撕开顶膜。"在欧洲范围内，即将出台一个有关食品包装拉角和开启力的标准测试方法，所有食品加工商都必须遵守。食品包装的易开启性和可再密封性成了为银发族设计食品时的重要考虑因素。"国外知名老年食品研究专家 Marcel Veenstra 在《肉类经济》中撰文指出。Marcel Veenstra 认为，平均来说，打开现在的食品包装需要2 000~4 000克的压力，而如果老年人身患疾病，那么他只能使出500~1 000克的力量，因此这对老年人来说是很难完成的动作。

4.2 案例一：雀巢公司优麦中老年配方麦片

世界卫生组织对影响人类健康因素的评估结果表明，膳食营养因素对健康的作用仅次于遗传因素，而大于医疗因素［遗传因素为15%，膳食因素为13%，医疗因素为8%（WHO，2002）]。环境恶化、不良生活方式以及膳食方式的变化等均是引发现代慢性疾病高发的重要因素，其中"膳食与健康"的相关性获得了世人前所未有的认同，因此，对老年人食品的设计始终要贯穿预防和控制老年人疾病风险的理念。

2002年中国居民营养与健康状况调查报告显示，我国60岁及以上人群超重24.3%、肥胖率为8.9%、高血压患病率为49.1%、糖尿病患病率为6.77%、高血脂患病率为23.4%（如图4-7所示），均高于18～44岁人群组（超重率22.6%、肥胖率6.4%、高血压发病率18.8%、糖尿病患病率1.27%、血脂异常率17.0%），可见超重和肥胖、高血压、糖尿病以及血脂异常等慢性疾病已对我国老年人的营养与健康构成了巨大威胁。此外，我国60岁及以上人群消瘦者数占9.71%，故老年人面临营养不良与营养过剩的双重挑战。

图4-7 60岁及以上老年人健康数据

伴随老年人的生理变化，老年人的心理也随之发生变化，老年人的心理特点表现在他们容易产生自卑、孤独、失落、恐惧、抑郁的心理，人到老年，怀旧和沿袭旧俗的心态大于对新事物的学习和接受。这些心理特征，导致老年人对产品消费行为产生变化，其突出表现为：一是心理惯性强。老年人在长期的消费生活中形成了比较稳定的态度倾向和习惯化的行为方式，他们往往对传统产品情有独钟。二是价格敏感度高。老年人对产品的普遍要求是物美价廉，注重实际。

总之，针对我国老年人生理特点和健康状况，对老年人的食品设计要以预防和控制慢性病风险为主导，坚持健康的原料选配、适当选择合理的食物形式和加工工艺，同时兼顾老年人的心理特点，使美味与健康并重（如图4-8所示）。

说到这里，就不得不提到以色列老年人冰激凌。由于老年人不能像年轻人一样享用各种美食。经常会因为某种东西想吃而吃不得，严重影响老年人的心情和胃口，比如大家都爱吃的冰激凌。为此，以色列食品公司Shefa集团曾经开发出一种适合老年人食用的冰淇淋，这是他们为老年人开发的系列食品中的第一种食品。这种产品富含蛋白质、维生素和纤维，还可以增加热量。据介绍，这种冰激凌可以帮助65岁以上的老年人在保证营养均衡的情况下适当增加体重，这给那些馋嘴的老年人提供

图4-8 老年人就餐

了健康新选择。而这种新开发的冰激凌不仅能丰富他们的食谱,同时还对他们的身体健康和心理状况有益(如图4-9和图4-10所示)。

图4-9 老年人也爱吃冰激凌　　　　图4-10 健康的食品

雀巢公司作为世界上最大的食品公司,其研发中心一直致力于食品创新。雀巢公司认为:昨天的食物主要目的是纠正营养不足,而明天的食物将有针对性地在防止健康问题引起症状出现之前，为消费者提供益处及更个性化的营养。方便、有用、易准备、低成本、品种、新鲜、风味、口感、香气和质地都将起到一定的作用。

合理营养是健康的物质基础，而平衡膳食又是合理营养的根本途径。平衡膳食是指通过合理的膳食和科学的烹调加工，能向机体提供多种多样的食物和足够数量的热能及各种营养素，并保持营养平衡，以满足机体的正常需要，保持人体健康。

根据我国2002年营养与健康状况调查，与中国居民膳食营养素参考摄入量标准比较，我国60岁及以上老年人平均每人每天能量摄入量（2 032.88千卡）已达到标准；蛋白质摄入量（59.33克）不足；脂肪供能比城市明显超标；碳水化合物供能比基本符合标准。另外，维生素A、维生素B_1、维生素B_2、维生素C的摄入量明显不足，分别仅占推荐摄入量的57.2%、68.5%、53.8%和79.6%；钙的摄入量（368.85毫克）仅为推荐摄入量的36.8%，镁、硒摄入亦不足，分别占推荐摄入量的81.0%和70.8%，而钠的摄入量（5 793.70毫克）偏高，是推荐摄入量的2.63倍。由此可见，随着国民经济的发展和人民生活水平的提高，我国老年人营养状况虽然已有很大改善，但仍存在营养不均衡的问题，特别是微量营养素的缺乏问题。在老年人食品配方的营养设计上，应该坚持控制能量、低脂肪、低盐、高蛋白质、丰富维生素和矿物质的理念，适当增加膳食纤维的摄入量（如图4-11所示）。

图4-11 食物金字塔

此外，如今的科学研究显示，越来越多的食品与遗传的交互作用影响了人体的健康，因此，个性化膳食成为未来食品研发的新趋势。从宏观角度看，老年人食品需要考虑老年人的生理特点，也需要综合考虑老年人的特定疾病，如糖尿病、高血压、缺铁性贫血等。从微观角度看，老年人某些特殊的生理特点，如个人的年龄、性别、生存环境、运动方式、家族疾病史、饮食习惯等都会对营养有不同的需要，从而引起不同的营养代谢及慢性病的风险。优麦中老年配方麦片就是雀巢公司考虑各方因素后推出的一款老年人食品（如图4-12所示）。

图4-12　雀巢优麦中老年配方麦片

雀巢优麦中老年配方麦片的主要配料是全麦和多种谷物，强化维生素和矿物质，添加白砂糖、脱脂乳粉、乳脂，并特别使用了低芥酸菜籽油和玉米油（如图4-13所示）。

这款食品在设计时，主要考虑了老年人的心血管健康、骨骼健康、肠道健康及对维生素和矿物质的需求。低芥酸菜籽油和玉米油可提供多不饱和脂肪酸亚油酸和α-亚麻酸，对心血管健康有益。强化的钙质和帮助钙质吸收的维生素D，有

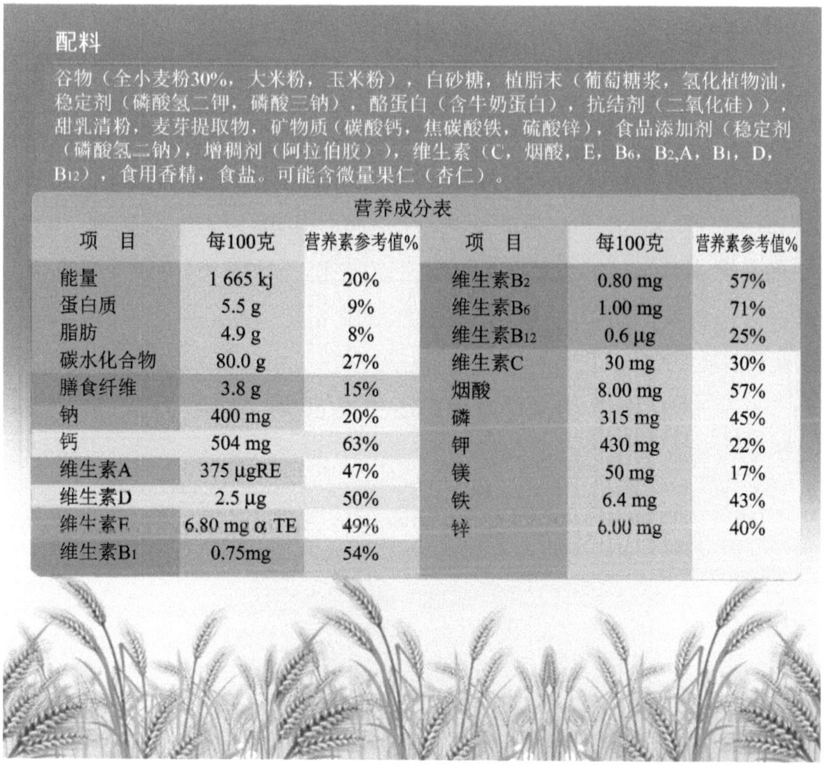

配料

谷物（全小麦粉30%，大米粉，玉米粉），白砂糖，植脂末（葡萄糖浆，氢化植物油，稳定剂（磷酸氢二钾，磷酸三钠），酪蛋白（含牛奶蛋白），抗结剂（二氧化硅）），甜乳清粉，麦芽提取物，矿物质（碳酸钙，焦碳酸铁，硫酸锌），食品添加剂（稳定剂（磷酸氢二钠），增稠剂（阿拉伯胶）），维生素（C，烟酸，E，B_6，B_2，A，B_1，D，B_{12}），食用香精，食盐。可能含微量果仁（杏仁）。

营养成分表

项目	每100克	营养素参考值%	项目	每100克	营养素参考值%
能量	1 665 kj	20%	维生素B_2	0.80 mg	57%
蛋白质	5.5 g	9%	维生素B_6	1.00 mg	71%
脂肪	4.9 g	8%	维生素B_{12}	0.6 μg	25%
碳水化合物	80.0 g	27%	维生素C	30 mg	30%
膳食纤维	3.8 g	15%	烟酸	8.00 mg	57%
钠	400 mg	20%	磷	315 mg	45%
钙	504 mg	63%	钾	430 mg	22%
维生素A	375 μgRE	47%	镁	50 mg	17%
维生素D	2.5 μg	50%	铁	6.4 mg	43%
维生素E	6.80 mg α TE	49%	锌	6.00 mg	40%
维生素B_1	0.75mg	54%			

图4-13 雀巢优麦老年配方麦片食品配料

益骨骼健康。全麦含丰富膳食纤维，有助于维持正常的肠道功能。含有9种维生素和6种矿物质，能够补充老年人日常膳食维生素和矿物质，提供全面的营养。同时，这款食品开袋即食，冲调后为糊状，老年人容易咀嚼，也易于消化吸收，适应老年人的生理特征。另外，从包装上，采用独立小包装，方便老年人携带和保存。因此，这款食品能够基本满足老年人的营养健康需求，适应老年人的生理、心理特征。

此外，研究个性化的营养解决方案的新食物领域也是雀巢创新的主要内容。个体间的营养需求差异明显，依赖于生活方式、性别、年龄、遗传等因素。在传统营养学基础上，结合新的科学和技术，如基因组测序和蛋白质组学，利用新的生物"指纹"（生物标志物）的鉴别，将人群分类，从而利用食物达到减少患病风险、促进健康的目的，相信这将是未来老年人食品设计发展的一个趋势。

4.3 案例二：老龄"助食筷"

设计的意义不在于产品的大小，而在于产品的价值。筷子，在中国是众人皆知、人人会用的日常生活工具之一，它不仅是民族文化的传承，也是中国五千年生活习俗的延续（如图 4-14 所示）。面对老龄社会的到来，各种老年性疾病（帕金森、脑卒中等）的发生剥夺了很多老年人使用筷子的权利（如图 4-15 和图 4-16 所示），这对于极富怀旧情结的老年人来说是一个沉重的心理打击。俗语常说"老来苦，老来难，老来无用，没人管"。一双小小的筷子的背后往往是一种生活的信心、一种生存的自豪，一旦这种信心和自豪被迫因小小的筷子而失去，这对于老年人的心理打击是巨大的。

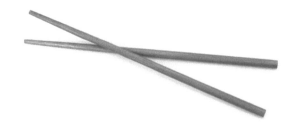

图 4-14 传统筷子

图 4-15 老年人手部关节变形

为此，国家康复辅具研究中心针对老年人及残障人手部把握不稳的特点而独立研发设计了一种小型实用性产品——助食筷（如图 4-17 所示）。希望能使老年人等手部功能障碍者通过简单独立的动作就可完成食物的夹取，同时也适用于使用筷子

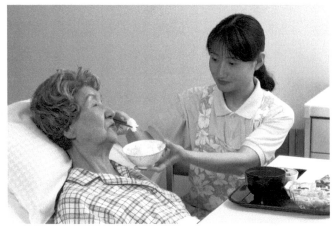

图4-16　老年人就餐

不熟练者和其他手功能障碍者,包括手指缺失、因疾病等原因造成的手部颤抖、无力等患者,具有通用性。

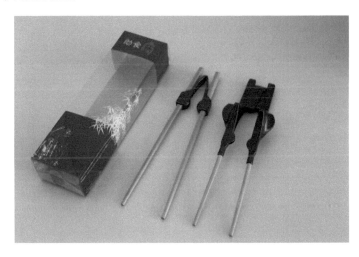

图4-17　助食筷实物图

　　针对不同程度的手部功能障碍者,设计人员将设计群体分成了两个轻度患者和重度患者,并设计了两种不同形式的助食筷。这两款助食筷设计简单、实用,应用中间连接体和弹性机构,简化了筷子的使用,防止由于把握不稳而导致筷子掉落现象的发生。其中,简洁型设计(如图4-18左),利用连接体本身材料和形状的塑性变形性能可实现轻松夹取、准确进食等常见动作，适用于轻度手部障碍患者。高端型设计（如图4-18右）在简洁型设计的基础上，考虑到部分手部功能障碍患者存在手指残缺或功能不全的情况，减少了筷子抓握的手指数量，可实现两个手指轻松夹取、把握的动作。助食筷把握部位细节依据手部把握形状设计而成，具有极好的人机工程学特性。筷子连接体采用塑料注塑而成，具有工艺简单、生产便捷、成本低廉等特点。同时连接体本身易拆易换，可多次重复使用，具有很好的环保性和便携性。

图4-18 两种不同的助食筷设计

该产品设计简洁实用，具有很好的应用推广性。目前，助食筷已成功走向市场，并得到了广大福利院、养老院等福利机构的好评（如图4-19所示）。

图4-19 助食筷使用场景

从运输和推广的角度来看，该产品的包装设计充分考虑到筷子特有的文化内涵及人文情感，通过浓重的深红（与筷子连接体颜色一致）、传统的竹形象、印章文化，塑造了清新、典雅、时尚的文化气息。同时，深红色沉稳、含蓄、内敛、充满关爱和温暖气息，体现了对于老年人等弱势群体的关注和关爱。包装盒中间采用透明材质制成，与浓厚的文化气息形成鲜明的对比，体现了当代科学技术的特点。整体产品包装设计简洁明了，但却不缺乏深度，与产品本身属性进行了极好的呼应和融合，体现了传统文化与当代科学技术相融合发展的设计理念，为产品的推广打下了良好的基础（如图4-20所示）。

图4-20　助食筷包装设计

"民以食为天"不仅阐述了食物对于人类的重要性，而且也间接地说明进食是必不可少的人类活动之一。筷子作为一种进食的工具或手段，是中国五千年生活习俗的延续和发展。对于所有的中国老年人来说，筷子本身的使用已完全超出了它的功能，它寄寓着老人对以前美好生活的回忆，也隐喻着老人对健康的向往和追求。小小的助食筷可帮助那些手部把握不稳的老年人重新树立生活的信心，它从生理和心理两方面满足了老年人的实际需求，为老年人的进食提供了便利性和安全性，减少了护理人员的工作量，为未来家庭养老、社会养老、机构养老奠定了基础。同时，随着老龄化社会的进一步深入和相关老年用品的不断出现，助食筷也必将带动和延伸出其他各种各样的助食工具，如助食勺、助食碗等餐具。

4.4 其他案例

4.4.1 案例三：Dining Utensils for Elders

吃饭是老年人每天中很重要的事情，但是因为老年人动作缓慢，吞咽和咀嚼能力下降，因此老年人的吃饭时间要比年轻人长很多，往往是等到家人已经吃完很久了老年人才能吃完。长时间的放置使得饭菜到最后因温度太低而不适合食用，对于如何解决这个问题，设计师杨炯、蔡威、廖丹通过对老人进餐方式和老人手部生理特点的深入研究，设计了一款既可以保温又适合因为肌肉无力和关节僵硬导致使用常规餐具会遇到麻烦的老人，帮助老人能更好地自行进食（如图4-21所示）。

图4-21 红点设计概念奖——老人保温碗
设计师：杨炯、蔡伟、廖丹

针对老人用餐时间较长饭菜容易变凉的特点，这款老人餐具内藏保温液，能在指定的时间内释放出热量，保持食物的温度，使老人在长时间进餐时，饭菜不变凉。保温原理是双层外壳之中夹杂着特殊的液体醋酸钠（CH_3COONa）。醋酸钠属于过饱和溶液，加热后处于过饱和状态，周围温度降低后便可以晶化释放之前所吸的热量，其温度可达到50℃左右，而且可以循环使用。这样，即使使用者需要较长时间进餐，食物也不会变冷。

同时，针对老人生理机能退化、手部无力和不灵活的特点，设计师在碗的外部增加一个小把手，根据老人掌心的弧度曲线勾勒出碗的外轮廓线，增大手心和碗的接触面积和摩擦，帮助老人能更好地握住饭碗，避免进餐时因手无力而导致碗掉落的危险。碗的内部也设计了特殊的曲线以帮助更好地舀饭和对食物进行保温。另外，勺子的手柄采用硅胶材料，增大尺寸，勺子的外形也做出适当的弯曲，呈特定角度的勺头减少了吃饭时胳膊和手的扭曲，使患有关节病的老年人能方便、容易、独立地进餐，很好地解决了老人进餐的问题（如图4-22所示）。

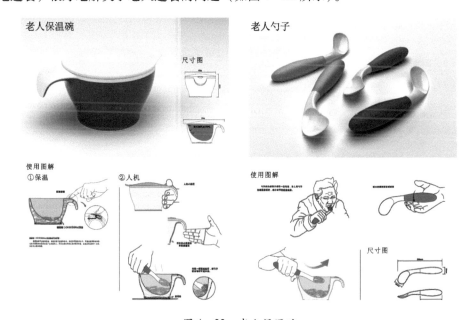

图4-22　老人保温碗

这一设计不仅让我们想起日本株式会社青芳制作所，青芳制作所就是生产特殊餐具的厂家，使用的材料"形状记忆多聚物"能够根据老年人、残疾人以及幼儿手的形状来改变把手形状，因为对于有特殊需求的使用者来说，每个人的情况都不一样，需要灵活对待。这种"形状记忆多聚物"曾经是三菱重工业为生产割草机用发动机零件研发的特殊材料。

1991年10月在青芳制作所诞生的福利型勺子"WiLL-1"（如图4-23所示），在入选1994年费城美术馆主办的企划展"日本的设计——1985年以后的作品展"之外，还获得了当时的商大臣奖以及儿童设计奖等多个奖项（如图4-23所示）。

图4-23 WiLL-1

WiLL-1使用前的准备步骤如下（如图4-24所示）。

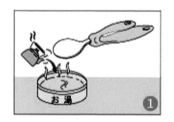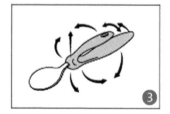
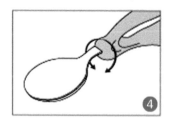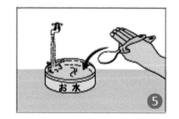

图4-24 WiLL-1使用步骤

（1）在容器内倒入70℃以上的热水，将餐具放入热水中（保持水温，使得握柄中心也完全软化）。

（2）在加热3~5分钟后，取出餐具，并用布擦干（避免造成烫伤）。

（3）加热后的握柄可以任意弯曲成适合手部进食的角度。

（4）握柄前端加热后，可趁柔软状态进行局部调整，使其更加适合进食方向。

（5）待形状确定后，放入20℃以下的冷水内塑型，如果角度不合适，可重新热塑至适合的角度（请勿将手一同放入冷水内塑型）。

2004年，青芳制作所研发了新款"Light Spoon"，它是在原来的基础上，把手部分使用了空心材料，减轻了餐具的重量。另外，将勺子和叉子的把手部分做成各种角度，使高龄者、残疾人、幼儿都能够从最适合的角度将食物送入口中（如图4-25所示）。

图4-25 Light Spoon

除了以上说到的这些功能，青芳制作所制作的这些餐具，不论是颜色，还是柔和的流线型设计，都成为该公司产品的特征。使得公司的产品在传统单调的餐具中，脱颖而出，给老年人的饮食生活增添了很多乐趣，带来了很多方便。

4.4.2 案例四：卵石开瓶器

现如今瓶装饮料变得随处可见，大家需要就随手拿来，有些人甚至只喝瓶装饮料。每次拿起饮料瓶畅饮的时候，相信大家都遇到过瓶盖很难开或者根本就打不开的时候。大学里就流传着这样一个笑话，女生喝瓶装饮料时一定要让男生帮忙拧开，这样可以显示自己很淑女娇小，容易吸引男生。这不仅仅是一个笑话，更是一个现实：如今市场上大多数饮料瓶盖都较难开启，很多饮料瓶盖连女生都打不开，更别说老人和孩子了。可能是因为手湿用不上力，也可能是因为热胀冷缩带来的空气压力或瓶盖太紧，甚至有时候为了拧开瓶盖手指还会被瓶盖上的竖条纹弄伤，碰上这种情况很容易让人产生强烈的挫败感。

市面上最常见的瓶盖是圆形的，能够隔绝空气保护食物，使用者打开瓶盖靠的是手指与瓶盖的摩擦力。因此瓶盖上往往都有竖条纹来增大摩擦力，这尽管在一定程度上解决了打开瓶盖困难的问题，但为了开个瓶盖弄得手掌生疼，这并不是一件让人开心的事情（如图4-26~图4-28所示）。

图4-26 各种饮料瓶

图4-27 各种饮料瓶盖

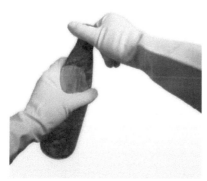

图 4 - 28　拧瓶盖很困难

如何才能解决这一问题？很多设计师对此做了思考。

这款 Arik Levy 设计的鹅卵石开瓶器（如图 4 - 29 所示）就是为了解决这个问题产生的。鹅卵石开瓶器利用的是杠杆原理，开瓶器内侧有和瓶盖契合的螺纹，将塑料瓶盖伸进去即可卡住，再稍稍用力一旋，瓶盖即可轻松拧开，由于有力矩的作用，比纯靠摩擦力轻松多了。椭圆的造型像真的鹅卵石一样可爱，同时结构可谓简单到了极致，而且也非常适合手来用力。不过需要指出的是这款鹅卵石开瓶器作为辅助工具，外表光滑、颜色浅，容易掉到角落里，下次使用时找起来麻烦。

图 4 - 29　鹅卵石开瓶器
设计师：Arik Levy

下面这款 Easy Open（如图 4 - 30 所示），不同于鹅卵石开瓶器的是，它是直接把瓶盖本身做优化，而不是借助辅助工具来解决问题。设计师把原来布满细小竖条纹的纯圆瓶盖变成了上方下圆的造型，同时方形中还带有一点儿弧度，使老年人可以舒服地用力,再不会出现把手擦破也打不开的情况,方形柱体的造型使瓶盖放置在桌面上时也不易滚落。

图4-30　2010年红点设计概念奖——Easy Open

设计师:刘箫鸣、周洲、谢彦聪

中国台湾设计师 Shao-Nung Chen 对可乐塑料饮料瓶盖进行改进设计,利用同样原理,将圆形瓶盖设计为泪滴形(如图4-31所示),这样拧开瓶盖就变得轻松多了。

图4-31　泪滴形可乐瓶盖

设计师:Shao-Nung Chen

以上两种对产品本身进行改善设计的开启方式,一方面避免了使用时找寻辅助工具的麻烦;另一方面由于每个瓶盖都要改良,导致成本上升,这也是为什么这样好的设计没有在市场上出现的原因。

4.4.3　案例五:Free Knife

老年人退休之后待在家里,做饭便成了他们每天的主要内容和任务。有些老人甚至把厨房当作自己的一个乐园，把给家人做出各种各样好吃的东西作为主要的乐趣，在厨房中又找到了自己的价值（如图4-32所示）。但是厨房如战场，厨事劳动还是非常繁重复杂的，比如切菜这件事。初学切菜的人都有这样的感觉，菜刀很不好用，尤其是当对付圆形的蔬菜（如土豆和洋葱）、坚硬的食材（如忘了退冰的肉）时，切菜变得更加困难和危险。为什么会是这样？那是因为传统的菜刀其实很不符合人机工程学，使得切菜的时候用力集中在菜刀后方，有时手腕需要很大的力才能切下去。对于老年人来说，他们的手部肌肉开始变弱、臂力逐渐减小、控制能力也在下降，切菜变成了一件麻烦的事情，一只手的力量根本不能够完成动作，这时候老年人就会本能地用另一只手按在刀背上来帮忙。

图4-32　老年人做饭

下面介绍的这款Free Knife家用切菜刀就是从这一本能的动作出发进行设计的，它的握把处有一个手扶滑块儿，当需要使用双手用力时，可将滑块滑出，作为另一只辅助手的支撑点，这样就不用担心用力太大硌伤手掌或者用力角度不对时刀面倾斜（如图4-33所示）。

图4-33　2009年第四届中国台湾通用设计获奖作品——Free Knife
设计师：黄品甄、蔡仁诗、崔恩铨

而面对切菜用力难这一问题，设计师 Jongwoo Choi 的解决方案则是将刀把增加旋转功能，当需要用很大力气的时候，可以将刀把旋转到菜刀上方，使得用力方向前移，省力很多。同时刀把与菜刀之间保持一段安全距离，防止伤到手指（如图4-34所示）。

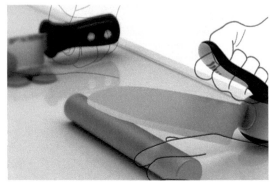

图4-34　旋转菜刀

设计师：Jongwoo Choi

4.4.4　案例六：可以单手使用的菜板

人们的饮食起居，都离不开双手的协作。大多数人都可以在厨房得心应手，那是因为我们四肢健全。但是对于脑瘫、骨关节疾病、意外而造成的单手功能障碍者来说，常常会在穿衣、做饭、进餐等方面遇到许多不便。身体上的缺陷让他们自卑的同时，能力上的不足更加剧了他们的这种感觉。不让他们觉得受到歧视，最好的方法就是让他们可以像正常人一样做一些事情，比如切苹果、剥鸡蛋等日常生活中简单而常见的事情。通过简单合适的辅助器具，让原本需要双手协作的事情单手完成，帮助这些人群独立有尊严地生活，才是我们社会应该考虑的。

设计师 Gabriele Meldaikyte 专门为单手残疾人设计了下面这款厨房用具，用来处理食材。这款辅助厨具从人文关怀的角度出发，让残障人士也可以不再事事依靠别人（如图4-35所示）。

这不是一套简单的菜板，有了它，即使是单手也能很方便地进行菜板操作。只需要简单地将模块菜板组合、拼接，操作十分便捷，方便了手臂残疾人士。餐具设

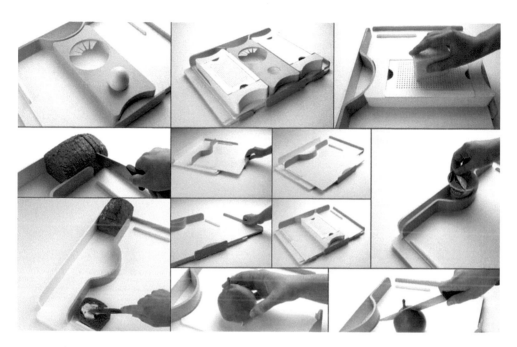

图 4-35 单手案板
设计师：Gabriele Meldaikyte

计有专门卡鸡蛋、卡面包、卡杯子等的位置，使用者只需要把对应的东西卡在对应的位置，然后一只手就可以完成剩下的动作。

4.5 结语

随着城乡人民生活水平的提高和我国进入老龄化社会，老年人在消费观念上有较大的改变，这将带动老年人在饮食上的消费需求更加旺盛，老年食品市场的未来将会获得长足发展。因此，不仅要做好老年人科学选择食品和保证合理膳食的宣传工作，更要根据老年人的生理特点和营养需求标准，研制出品种多、营养高、疗效好、价格大众化、方便食用的食品。同时在老年人"食"的其他方面，如饮食服务、餐具设计、餐饮辅具设计等方面加大投入，从而帮助老年人能够吃得愉悦，因为饮食这件我们常人看来只是吃饱饭的行为，对于老年人，尤其是特殊的老年人群体来说既复杂又意义重大。

2012 年，美国波士顿大学的一项研究显示，颜色鲜艳的杯子及盘子似乎有助于增加晚期阿尔茨海默病患者的食欲；还可以帮助他们提高已经降低了的视觉差异灵敏性。研究人员还发现，当把白色的餐具换成明快的红色时，患者的食量增加了 24.6%，饮水量增加了 83.7%；当把白色的餐具换成蓝色时，患者的食量增加了 25.1%，饮水量增加了 29.8%。这种方法也许能够改进晚期阿尔茨海默病患者的营养状况。因此，我们相信，通过我们的研究与设计，引起全社会的关注，解决老年人在饮食过程中遇到的问题，使老龄化社会能充满无限的温暖。

同时，我们也要考虑到中国的饮食文化。受传统思想的影响，中国人把饮食看得非常重要，中国的饮食文化也博大精深，其中就包括把家庭用餐当作感情交流的重要机会。尤其是老年人更是如此，他们把大家庭式的聚餐作为媒介，从而吸引家庭成员聚集在一起，进行交流、增进彼此间的了解，特别在重要的节日，以老人为核心的家族集体聚餐的习惯更加明显，这个时候也是老人们最高兴最盼望的了。如何把这一文化因素考虑到老年人饮食相关产品的设计中，显得非常重要。

4.6 参考文献

[1] 添翼. 食品包装定位不同 男女老幼各取所需 [N]. 中国包装报，2007 - 02 - 13.

[2] 何夏阳，刘雪琴. 老年人营养不良的相关因素及干预方法 [J]. 护理学杂志，2007 (9).

[3] 陈历水，丁庆波，王冶，刘佳，吴伟莉. 老年人功能食品的研究与开发 [J]. 食品研究与开发，2012 (9).

[4] 孙建琴. 老年人咀嚼吞咽障碍及其饮食营养治疗 [J]. 中国营养学会，2010.

[5] 谢杰. 欧洲功能性食品市场介绍 [J]. 中国食品工业，2008 (2).

[6] 罗兵. 老年食品有点"嫩"存在不少误区 [N]. 中国质量报，2010 - 08 - 02.

[7] 李剑，李辉，李立峰，等. 康复辅具安全设计探析 [J]. 包装工程，2012，33 (6).

[8] 丁玉兰. 人机工程学 [M]. 北京：北京理工大学出版社，2005.

[9] 沈晓军，张晓玉. 我国康复辅具发展概况 [J]. 中国医疗设备，2009，4 (12).

[10] 李剑. 非物质设计之情感设计 [C]. 2009 年国际工业设计研讨会论文

集，2010.
[11] 段金娟，李高峰．"空巢"家庭厨房无障碍设计研究［C］．2012年艺术工学与创意产业国际学术会议论文集，2012．
[12] 梁海涛，穆荣兵．基于人机工程学分析的老年人产品设计［J］．包装设计，2011（6）．
[13] 赵王芳．老年人手部精细动作控制能力研究进展［J］．中国老年学杂志，2012（15）．
[14] 张憨．老年食品［M］．北京：中国轻工业出版社，1998．

4.7　延伸阅读

1. 北京市营养源研究所分析检测中心

（http://www.analyse.com.cn/）

北京市营养源研究所成立于1977年，隶属北京市科委，直属北京市科学技术研究院。于2001年由事业单位正式转制成为经营型企业。

北京市营养源研究所分析检测中心是北京市营养源研究所的直属部门，负责分析检测和相关研究，是从事食品和饲料两大体系"营养成分"检测分析的专业机构，分析检测中心拥有450多平方米的实验室，具有适用于检测项目的先进的大型仪器设备25台套，拥有经验丰富的专业技术人员18名。具有中国合格评定国家认可委员会（CNAS）"实验室认可"资质和北京市质量技术监督局"计量认证"（CMA）的资质认定，是具有第三方公正地位的权威检测机构。

2. 功能性食品（Functional Food）

和有机食品、转基因食品相比，功能性食品尚未成为引人关注的热点话题。从某种程度上讲，功能性食品也可以被认为是老年人食品，因为这类食品主要是为了满足消费者保持身体健康，降低患病风险的需求，而老年人是最大的目标群体。

到目前为止，世界上对"功能性食品"还没有形成共识。一般来说，功能性食品，就是作为日常食用的，含有可以增强健康水平或降低患病风险的生理活性成分的食物和饮料。从生产方法来衡量，以下几种可以被称为功能性食品：

（1）去除可引起副作用的物质；

（2）增加某种物质（或非营养物质）在食物中的正常含量，使其对人体产生积

极的作用;

(3) 在原食品中添加不存在的, 又被证明对人体有益的物质;

(4) 如原食品中存在过度摄入可能对人体有害的常量营养素, 用已被证明对人体有益的物质来代替;

(5) 增强原食品中对人体有益的物质的稳定性或生物实用性。

功能性食品中常见的物质包括益生菌(Probiotics)、益生元(Prebiotics)、蛋白质原料(Protein Ingredients)、维生素和β胡萝卜素(Vitamins & Beta-Carotene)、Omega—3和Omega—6脂肪酸、食物纤维(Food Fibers)、食品补充剂(Food Supplements)、食品乳化剂(Food Emulsifiers)、矿物质补充剂(Mineral Supplements)和多酚(Polyphenols)等。

3. 一些功能性食品

一些大型食品制造商都将功能性食品作为研发重点, 具有代表性的制造商和产品如下表所示:

制造商	功能性产品品牌
联合利华(Unilever)	Becel Pro-active, Slim-fast, Flora
康比奶(Campina Melkuie)	Vifit, Optimel
雀巢(Nnestle)	Contrex
家乐氏(Kellogg's)	All Bran, Special K
通用磨坊(General Mills)	Cheerios, Yoplait
金宝汤(Campbell's)	V8
桂格(Quaker)	Take Heart
达能(Danone)	Taillefine, Actimel
卡夫(Kraft)	philadelphia Balance

4. 形状记忆塑料

形状记忆塑料是一种新型的热敏性功能材料。它是在室温以上一定温度下变形, 并能在室温下固定形变且长期存放, 当再升温至某一特定温度时, 它能很快恢复到变形前形状的高分子材料。

形状记忆塑料的技术特点在于控制形状记忆材料中具记忆功能的分子链段的形

变温度在一定范围内，并通过调节形状记忆材料的非记忆功能分子链段，使最终制品的形变温度在一定的温度范围内调节，从而在稍高于室温的温度条件下即可产生形变和形变恢复。

实验室制备的形状记忆塑料具有良好的力学性能和形变能力（形变可达300%~400%），以及优良的形状记忆性能和适当的形变温度（在60 ℃~75 ℃的范围内）。与形状记忆合金相比，形状记忆塑料不仅具有变形量大、易加工、形状响应温度便于调整、保温、绝缘性能好等优点，而且不锈蚀、易着色、可印刷、质轻价廉，因而获得广泛应用。

5. 株式会社青芳制作所

（http：//www.aoyoshi.co.jp/）

青芳制作所位于日本新泻竭潟县，是有50多年历史的汤匙制造厂，对于福利用汤匙的开发也有20多年的经验，目前其是日本国内销售量最大的福利用汤匙企业，曾经参加"2012广州国际家用医疗康复护理展览会""2012广州国际福祉辅具展览会"。

汤匙是西欧发明的餐具，由于其方便性和实用性，被发展传播到世界各地。但是，由于它的体型大，加上不同地区的进食文化也不同，所以相对于亚洲人的嘴和手来说并不非常适合。青芳制作所就是从这一点出发，为亚洲人设计更方便适合的餐具，并把有生理障碍的人考虑进来，为创造更美好方便的社会和生活做出努力。

第 5 章 老龄产品设计之"住"

5.1 问题

11日上午9点半,闸弄口派出所接到了天城社区工作人员的报警,称濮家新村有个独居老人,一连四天都没露面,邻居说事发前见董爷爷走路摇摇晃晃,加之四天不见他出门,于是报警。

民警冯丽明赶到后与社工、邻居合力把门打开,发现老人屋内充满各种垃圾,老人侧坐在厕所门外,神志不清奄奄一息。民警赶紧把老人送往医院救治,3小时后老人醒来……据了解,老人姓董,出生于1941年,杭州某技术学校的老师,一直未婚单身居住。据董爷爷回忆,当时他上厕所摔倒了,就再也起不来了。

老人退休工资也不低,生活无忧。但是为什么家里堆满了捡来的各种"垃圾"?冯警官说,这是老人的个人癖好,"他不喜欢屋子空空荡荡的,只能用垃圾来填满"。

(2012年11月13日 来源:浙江在线杭州 记者:崔晓宇)

近几年,老年人一个人在家里发生突发事件而不被及时发现和救助的事情时有发生,尤其是独居老人。导致这个问题的原因有很多,一个是现在钢筋水泥的城市生活使得邻里之间感情淡漠,一墙之隔的两家人可以几个月不见面。另一个就是人口结构的变化,独生子女越来越多,他们去另一个地方工作生活,留下父母独立居住,当老年人有突发事件的时候不能及时联系。

2013年2月27日,全国老龄办发布的我国首部老龄事业蓝皮书《中国老龄事业发展报告(2013)》显示,我国空巢老年人口数量继续上升,2012年为0.99亿人,

2013年突破1亿人大关。在空巢家庭中，无子女老年人和失独老年人开始增多，由于执行计划生育政策的一代陆续开始进入老年期，加上子女风险事件的发生等因素，无子女老年人越来越多。2012年，中国至少有100万个失独家庭，且每年以约7.6万个的数量持续增加。人口学专家、《大国空巢》作者易富贤根据人口普查数据推断：中国现有的2.18亿独生子女，会有1009万人在或将在25岁之前离世。这意味着不久之后的中国，将有1000万家庭成为失独家庭（如图5-1所示）。

图5-1　失独家庭

空巢老人是当前中国老龄化社会的突出特点之一，他们最常面临的问题是生活需求、亲情需求和安全需求无法满足。我国老人与西方国家的老人不一样，他们对儿女的心理需求和依赖较高，因此空巢老人会感到尤其失落。对这些老人来说，参与社会是很重要的。他们可以参与社区活动、社会公益活动，甚至是一些志愿性活动。此外，他们还可以培养一些兴趣爱好。而政府部门则应该尽量为老年人多提供一些活动的场所和服务设施等。中国老龄科学研究中心副研究员郭平建议，空巢老人可以通过参加社会活动和培养兴趣爱好来缓解空巢生活所带来的困扰（如图5-2所示）。

图5-2　空巢家庭

总结来说，空巢老人普遍有"三怕"：怕生病、怕封闭、怕遗忘，同时也有"三盼"：盼生活自理、盼社会交流、盼精神支持。全国人大常委会于2012年年底通过了新修改后的《中华人民共和国老年人权益保障法》。其中明确规定"家庭成员应当关心老年人的精神需求，不得忽视、冷落老年人"；"与老年人分开居住的家庭成员，应当经常看望或者问候老年人"。

研究老年人的居住和生活，就不可避免地要涉及老年人的养老和生活方式。老年人身体组织器官的老化会引起生理、心理以及情绪等各方面的变化和衰退。庞大的老年人数量，将带给社会和家庭越来越巨大的压力，引发许多社会问题。在我国，随着社会的变革和转型，传统养老观念和方式不断受到冲击。随着老年人数量越来越多，老龄化越来越严重，老年人群开始变得复杂：失独老人、空巢老人、独居老人等，使得主要由机构养老和居家养老的传统模式已不能满足众多老年人的需求。

社区居家养老模式吸收了机构养老和传统家庭养老的优点。社区居家养老，是指以家庭为核心、以社区为依托、以专业化服务为主要服务形式，积极发挥政府主导作用，广泛动员社会力量，充分利用社区资源为居住在家的老年人提供以解决日常生活困难为主要内容的养老方式。北京市政协的调查发现，超过53%的受访者倾向于选择社区居家养老。

随着养老社区或养老公寓的出现，社区居家养老得到了新的发展。养老社区里的居民必须年满50岁以上，社区会提供不同行为形态的休闲休憩设施以及休闲活动设计，居民可以在社区内享受相关的日常生活服务并获得完善的照顾。它不同于传统意义上的养老院，而是通常采用人性化的设计理念，为老年人提供量身定制的各种特别服务（如图5-3和图5-4所示）。

图5-3　居家养老

图 5-4 社区养老

随着现在生活水平的提高,根据老年人不同的背景和要求,还发展出了其他许多养老模式,如日托养老、候鸟式养老、乡村养老、异地养老、售房入院养老、家内售房养老、售后回租养老、遗赠养老、大房换小房养老、租房入院养老、招租养老、合居养老、小型家庭养老、基地养老、集中养老、货币化养老。

养老问题涉及的范围非常广泛,除了养老模式之外,还涉及从居住到护理,从穿衣吃饭到购物娱乐的各个方面。因此做好老年人养老工作还需要考虑生活中众多小细节上存在的问题。由于年龄的增加,老年人的生理上发生了很多变化,这些变化给生活带来了许多不便。这些不便是年轻人从来没有遇到也没有认真想过的,我们认为生活理所当然是这样的:伸手拿杯子喝水、快速地取出钱包里的公交卡、三下五除二把地面拖干净、伸手够高处的盒子……殊不知这些对于老年人却不是这样的:肌肉的力量感变弱让他们经常出现使不上劲儿或者行动控制不灵活的问题;搬挪简单的东西如座椅等都会吃力;腰关节的劳损致使老年人连基本的弯腰、扭转、起身都成困难;坐的时间太久了再站起来都需要费好多劲儿;手关节的老化让老年人抓握不准,不能做精细动作,如穿针递线、按键拨码、插插座孔等;听力的减弱让老年人接电话、看电视都需要加大音量……

其实这些问题解决起来并不困难,只需要对产品在小的细节上加以优化就可以,而且最终结果不仅老年人受益,年轻人也会从中得到方便,很好地体现了通用设计的优势。以下将要从太阳园社区养老、老年人居家生活产品设计两方面举例来探讨老年人的"住"。

5.2 案例一：太阳园老龄地产的产品和服务开发

随着经济社会发展和现如今老年人口数量与老年人特点的变化，传统养老模式将面临前所未有的压力，陷入发展困境。在这种情况下，什么样的养老模式才能够解决问题成为社会和政府共同关注的方面，北京太阳城国际老年公寓代表着一种新的养老趋势，它所探索的是一种市场化运营的道路，无疑给人们带来了诸多启示。如果这个方法可以从个案走向广大的市场，那无疑将为解决中国未来养老问题开辟了一条道路。

北京太阳城国际老年公寓是在全国首创的多元化国际老年综合型社区，以落实老年人"老有所养、老有所医、老有所学、老有所为和老有所乐"的五老生活目标为宗旨，由北京宝氏华商经济发展集团投资，北京太阳城房地产开发有限公司开发建设的。北京太阳城是以房地产为先导，并将医院、超市等固定资产设施运营模式采取服务与经营相结合，是将市场运行的机制引入公益事业中的一种成功实践。

5.2.1 规划设计

老年人居住环境的设计应体现"养老社会化、居住亲情化"，真正使老年人"老有所居、老有所养、老有所医、老有所为、老有所乐"。因而在环境景观设计上，首先要为老年人的人身安全着想，应避免大坡度和路面溜滑的设计。由于老年人爱好钓鱼的特点，可设计一个以大鱼塘为中心景观的园林格局，辅以晨练、晨跑的场所，有益于老年人健康长寿。

- ◆ 住宅区和活动区分离，保证生活空间不受干扰；
- ◆ 建筑布局应确保朝向、采光、通风和景观等为老年人提供优质的生活空间；
- ◆ 居住区内路网设置合理，人车分流，来自主干道的噪声少；
- ◆ 设置坡道联系室内外空间，方便轮椅的使用；
- ◆ 处理好合设或邻设的其他设施与住宅之间的关系，既提供公共交往空间，利于老人开展体育活动，又方便生活；
- ◆ 基本的生活配套齐备，以保证老人生活需求在社区内就可得到满足；
- ◆ 设置有一定规模力量的医疗保健中心，而且与生活区靠近，并有通畅的道路系统以应付紧急情况，为老人的身体健康提供有力保障；

◆ 单体设计以别墅、多层为主,可以考虑少量小高层产品,主要是从老年人行动不便的生理特征考虑,楼高不宜超过5层,而且多层一般应设置电梯,方便老人的上下(小高层主要对身体状态相对好的老人考虑);

◆ 在单体设计上,应该为老年人提供充足的室外空间,使居住者足不出户就能享受到阳光和新鲜空气;还要具有利于交往的公共空间,为和谐邻里关系的形成提供必要条件。

洁净清爽的外立面,较好地映衬了周围的景致,且营造出安逸、私密的生活状态(如图5-5所示)。

图5-5 独立的生活空间,增加了生活的便利性与独立性

在细节方面,太阳园非常关注无障碍通行,他们认为,设计优美、外形考究固然重要,但是更重要的是对老年人真正有帮助。社区最终要做的不是为了体现某种理念而制造噱头,而是对老年人发自内心地关照。这一点在室内装修方面体现得非常明显。

5.2.2 室内装修

老年人居住,不得不考虑的就是安全和方便问题。老年人身体素质变差,有些时候不可避免地出现问题,这时候就需要及时快速地救助和报警。这也是为什么很多老人选择老年公寓或者养老院这些专门养老服务机构的主要原因。在老年人居家安全和便捷方面,太阳园室内装修考虑得非常周全。电话通信、宽带网络、电梯、分户空调以及应急求救报警系统等设施齐全,并安装水、电、煤分户计量的表具。同时在设计中,从构造的角度出发还注意了以下几点:

◆ 漏电自动预警报警装置、煤气泄漏报警装置等先进智能化系统的配备,可以更大地提高老年人的生活安全系数；

◆ 住宅入口处面积适当增大，门的宽度适当增加，地面力求平坦，便于轮椅通过，并在老人经过处预留安装扶手的埋件；

◆ 厨房及卫生间面积要适当加大，便于坐凳或坐轮椅使用；

◆ 老人容易失禁，卫生间应靠近卧室，并设长明灯；

◆ 开关、门铃和门窗把手应适当降低安装位置；

◆ 地面和浴池底都应防滑，浴池、厕所、楼梯及走廊两侧应设扶手，改变方向和高度的地方应用明显色彩（如图5-6所示）；

图5-6　注重细节的室内装修

◆ 提高房间照明度，并抑制眩光，据日本分析，照明度需提高2倍；

◆ 老人体温低于常人，采暖地区应考虑提高供暖温度；

◆ 厕所宜用推拉门，不用平开门；

◆ 厨房内洗涤及灶台和卫生间洗面台下应凹进，以便老人可坐下将腿伸入操作；

◆ 老人听力降低，应提高报警响声，各种设施上的文字说明应加大字号，以利老人识别；

◆ 感光度较高的卧室与设施齐备的洗手间，可以提升老人住居的舒适度；

◆ 楼宇对讲系统上设置户与户之间的对讲功能，以便于老年人的相互沟通；设置每户与中心控制室之间的呼叫和对讲功能，以处理突发事件。

5.2.3　园林景观和配套设施

老年人患呼吸道疾病的比较多，经常容易气喘胸闷，加上北京气候比较干燥，因此小区强调了绿色的园林景观环境设计，绿化面积约为45%。老年人每天都会进行晨练、遛弯儿。舒适的室外环境能够给老人带来很多方便和乐趣，提高老人生活的舒适度。同时，老年人几乎每天的时间都会待在小区内，优美清新的小区环境对老年人的好的影响是长时间和十分必要的（如图5-7所示）。

图5-7 优美清新的小区环境

同时在园林景观规划和配套设施建设时，尽可能多地为老年人考虑相互之间的交流空间，减少他们孤独感和寂寞感。一般在设计中可考虑结合门厅、过厅、电梯厅等设置各种公共交往空间，如"谈话角""休憩角"等，适当安排桌椅，为老人们提供休息和增加互相交流的公共交往空间。在设计专住型时，可考虑将公共交往空间扩展到合设或邻近的其他设施之中，在混住型住宅中则考虑将共用部分作为公共交往空间，同时在小区的整体规划中，还应考虑有机地布置公园、广场、散步道等室外公共空间。

5.2.4 盈利模式

说了那么多老年人公寓的优势，这是一项有利人民有利社会发展的事业，对于它的盈利模式和前景社会上也比较重视，因为这关系到这一模式是不是能够长期健康发展下去。如图5-8所示，美国太阳城中心的收益主要来源于一次性销售收益以及长期性收益包括公寓出租收益及配套设施的使用收益，其中长期性收益是太阳城中心收益的重要组成部分。

目前，国内开发商在老年住宅的开发上的收益模式有三种形式：出售、出租和出售与出租相结合。大型综合性老年住宅社区则存在住宅建设与经营管理相结合的经营模式以及住宅建设与经营管理相分离的经营模式（如图5-9所示）。

 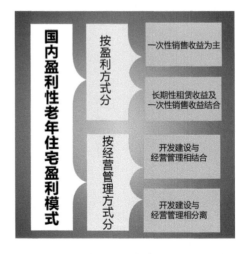

图5-8　美国太阳城中心收益来源　　图5-9　国内盈利性老年住宅盈利模式

由于老年社区的种种服务形式有别于其他普通社区，因此，老年社区的物业服务也是盈利的主要方面。国内目前对于老年住宅的物业管理还停留在养老院、敬老院的管理模式上，对于市场化地管理老年住宅的模式，还处在起步探索阶段（如图5-10所示）。

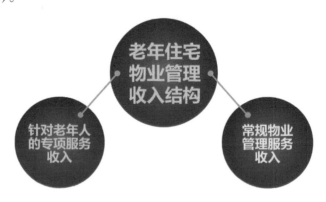

图5-10　老年住宅物业管理收入结构

针对老年人生理、心理特征的老年住宅社区服务包括下列内容：
◆ 医疗护理方面——医院、诊所、社区护理中心；
◆ 体育活动方面——适合老年人的各类运动，如门球、保龄球、高尔夫等；

- ◆ 休闲活动方面——如棋牌、书画、钓鱼等；
- ◆ 教育配套方面——老年大学、图书馆；
- ◆ 中介资源提供——家政服务中心、旅游服务公司、房屋中介、婚介所等；
- ◆ 社区活动的组织——如各类表演活动、交友活动、聚会等。

单项服务包括日常的定菜送菜服务、厨师服务、清洁卫生服务、病人看护服务、家庭保姆服务、收费钓鱼服务、收费娱乐服务、收费健身服务、收费社区活动服务等。

从对太阳城老年公寓案例的分析中我们可以看到，这个模式还存在许多可以优化的地方，例如居于老年人社区的老人与子女交往的问题、老年人隔辈亲的问题、老年人与同龄人相处的问题、老年人追求个性化的问题、不同风俗习惯、人文氛围对老年公寓的影响等问题。

从北京太阳城国际老年公寓案例的分析中我们还能发现，老年人"住"的方面涉及人员不只有老年人单方面，不是只有老年人感觉到满意就可以了，除了考虑老年人这一主要参与群体之外，我们还需要从系统管理与维护人员、护理人员、老年人家属、周边居民等多个角度进行考虑，不仅要满足老年人的行为习惯和居住需求，还要考虑管理模式与建筑硬件设施的协调，以及地域性的文化和习俗特征。同时也要认识到对老年人的帮助不是与社会隔离开来进行单纯的护理援助，而是要支持老年人在生活中的自主、个性与独立。养老设施的设计不仅是要保证居住环境的安全舒适，更应注重维护人与人之间的平等和自尊。

老年人住宅是一个庞大的系统，它所包含的内容涉及范围很广，老年人"住"得好坏对其他方面的影响很大。因此应充分考虑由于老年人身体机能退化引起的生理和心理的变化，同时应注重老年人的个人习惯，从方便和经济的角度出发，为老年人提供良好的室内外环境设置，保证其与社会的接触交流，尽可能长地保持其独立生活能力。舒适、独立、尊重、幸福快乐是老年人住宅的追求目标。为使老年人住得好，除了选择合适的养老方式、完善的基础设施，还需要在生活中的小细节上考虑。

不只是老年人养老服务需要我们用心思考，老年人公寓本身的设计也值得设计师推敲。在日本、欧美等国家，老年公寓都颇具规模，它们中的一些在设计上很讲究。其中具有代表性的就是由 MVRDV 设计的荷兰阿姆斯特丹 WoZoCo 老年公寓及由荒川修作和他的妻子设计的转运阁（Reversible Destiny Lofts）老年人公寓。

MVRDV设计的荷兰阿姆斯特丹WoZoCo老年公寓是悬挑式的。项目初期，基于设计要求、法律规定、土地分析以及创新思维，设计者所面临的矛盾问题是：经过计算，在满足占地面积、退红线、绿化率、建筑层数和总高度（9层）、日照等方面的要求后，按照常规设计方法实际上只能设计出87套老年公寓，距离计划设计100套老年公寓的要求尚相差13套。为了解决这个问题，MVRDV按照荷兰法规中关于退红线后建筑地面以上的悬挑可以突破红线的规定，在诸多的限制中产生了具有创新性的独特创意——占天不占地的"空中楼阁"，将13套老年公寓从87户老年公寓所形成的建筑形态上向北悬挑出来，于是形成了如图5-11所示的独特的悬挑住户住宅建筑形态。公寓南边露台不规则地向外伸展，并配有色彩缤纷的玻璃，北边5座向外突出的建筑如5个巨型小木盒，使整座公寓别具一格。悬挑虽然是建筑设计中常用的方法，但将这样多的住户处理为大尺寸悬挑的形态，确实是一个令人吃惊的创新之举。

WoZoCo老年公寓建筑本身具有很多值得我们借鉴的方面：建筑增加了底层空地面积，保持城市花园的特点；解决了公寓采光问题，让原本100套房间中只有70套可以自然采光的建筑改为100%可获得自然光源；彩色有机玻璃围合的阳台和悬挑的形态，给建筑增加了更多的生气，获得了令人兴奋的建筑景观；建筑主体经济布局节省的造价，用来补偿造价较高的"悬挑单元"的支出。

由荒川修作和他的妻子玛德琳·琴斯设计的"转运阁"老年人公寓，位于日本东京郊外，堪称日本历史上最花哨住宅，仿佛在向人们证明，彩色并不是年轻人的专利。

"转运阁"老年人公寓于2005年10月落成，它并不是设计师凭空创造的，而是根据多种科学规律设计而成，其中就包括神经学及实验现象。这栋建筑外形奇特、色彩艳丽，内部也是波澜起伏，色彩缤纷，如童话世界（如图5-12和图5-13所示）。设计者的座右铭是"建筑对抗死亡"，并为这套公寓取名为"转运阁"。"人们，尤其是老人，不应该经常保持松弛状态或休息直至慢慢衰老。"荒川强调，"他们应该生活在一个能够刺激其感官和鼓舞生气的环境中。"这座坐落在东京都三鹰市普通住宅区的三层建筑不但外形奇特、色彩艳丽，建筑内部也是波澜起伏，色彩缤纷。餐厅地板不规则地倾斜着，厨房是下陷的，书房则布以凹陷的地板。电源开关被安置在意想不到的地方，你要摸索着去感觉正确的位置才行。通向阳台的玻璃门太小了，人只能弯着腰爬过去。在这里还经常失去平衡，找到平衡后，不知什么时候

第 5 章 老龄产品设计之"住" 115

图 5-11 WoZoCo 老年公寓

又会被绊倒、跌倒。这里没有橱柜空间,居住者要自己找到生存下去的方法。"这里使你时刻保持警惕,时刻唤醒你的本能,所以你一定会活得更好、更长,甚至永生。"荒川说。

图5-12 "转运阁"老年公寓(一)

图 5-13 "转运阁"老年公寓(二)

5.3 案例二:羊坊店社区养老服务平台及服务设计案例

根据国家发改委、民政部《十一五社区服务体系发展规划》和十部委联合颁布的《关于全面推进居家养老服务工作的意见》指出"以信息服务网络整合建设为依托,推进社区服务信息化"。要求有条件的城市和地区建立社区"一键通"呼叫系统,加快构建居家养老服务体系(如图 5-14 和图 5-15 所示)。

图 5-14 社区信息服务栏

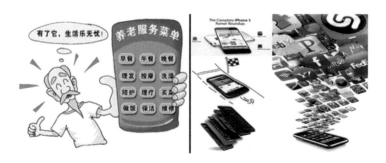

图 5-15　信息服务与手机等终端结合

羊坊店街道羊坊店社区位于西客站以北，东临铁道大厦，南起空军大院 100 号院，北与中华世纪坛相望，小区历史文化厚重、政治人文气氛浓厚、交通四通八达、风景秀丽迷人、经济发达、社会安稳。社区内现有居民总户数 960 户，总人数 2 523 人。其中 60 岁及以上的老人有 536 人，是个典型的老龄化社区，因此其在居家养老方面做出了积极大胆的尝试并取得了成绩（如图 5-16 所示）。

图 5-16　羊坊店街道办事处

掌中宽途"智慧老龄"社区老年服务管理平台是为北京羊坊店街道社区开发的一项利用信息化技术为老年人建立智慧关爱的服务平台。其为社区养老服务团队开发一套基于 PC/Pad 的服务信息化管理平台，为老人提供菜单式居家养老服务。本系统采用两种体系结构（B-S、C-S），服务器端主要完成对信息的创建、管理及分配，客户端包括移动设备终端和 web 客户端，老人只需在客户端上选择需要的服务，然后轻轻一点，信息就被传送到服务器端，守候在服务器端的社区管理人员就会派遣服务人员为老人提供上门服务。这使得老人的居家生活更加的轻松、方便、智能化。

菜单式居家养老服务模式是指由社区服务机构与服务对象签订服务协议，建立服务档案。将 6 大类 41 小项服务内容列成项目菜单供服务对象选择，服务人员依据所选服务项目准确无误地提供相应的服务，做到需要什么就服务什么。老人参与居家养老就像在饭馆点菜一样简单便捷，只要在项目菜单上画个钩，服务人员就会按照老人下单的时间、地点和方式提供服务。这样社区的老人们不用离开自己所熟悉的生活环境，甚至不用跨出家门，就能享受到高效的规范化的居家养老服务。

在构思开发这个平台的过程中，遇到的最大困难是如何打破老年人对电子产品的抵触。因为老年人是一个比较特殊的群体，他们并不像现代的年轻人，成长生活在科技发达、互联网普及的环境里，老年人群普遍对电子产品比较陌生，对这种与他们一贯生活格格不入的高科技有本能的疏离和抵触感。而老年人群体中还有一部分在视觉听觉上不便，这就大大增加了设计工作的难度和挑战性。如何把交互逻辑梳理得连老人都能很容易就学会使用呢？如何让视觉呈现能让视力较弱的老人看得更清楚呢？如何能在老人与服务人员之间建立起一种更为友好的良性纽带呢？如何通过我们的设计能让业务人员在有效的时间内对更多的用户提供优质的服务呢？再者如何能让这个项目变得可复制，让更多的人从中受益，从而让更多的空巢老人安享晚年呢？以上这些问题都是我们在开发产品的过程中需要去反复思考不断完善的地方，也是这个系统能否取得实际成功的关键所在。

为了设计出切合社区实际需要便于使用的系统，团队深入社区开展了调研，不仅对现有的服务模式和存在的问题进行了探讨，还对现有的医疗工作者和社区工作者以及退休老人等都进行了认真的研究。根据对现有服务模式调研的结果以及从服务人员和社区老人反馈而来的建议和意见，重新设计整个服务体系，着重针对现存的漏洞和缺陷以确保每个环节的问题都得到解决，开创塑造一个各方都满意、一举多赢的服务体系。

针对服务人员使用的管理平台本身，系统采取了无三级界面的设计，基本上将后台操作的行为都集中到了首页中直接处理。比如将所有详细资料查看类的界面触发呈现都采用抽屉式的交互语言，而非弹窗。而弹窗则往往用来处理适合信息量少的操作类的信息呈现。通过这样的设计大大提高了管理人员和对网站后台管理不太熟悉的医务服务人员处理后台任务的效率，使他们操作起来更加简单轻松（如图 5-17 所示）。

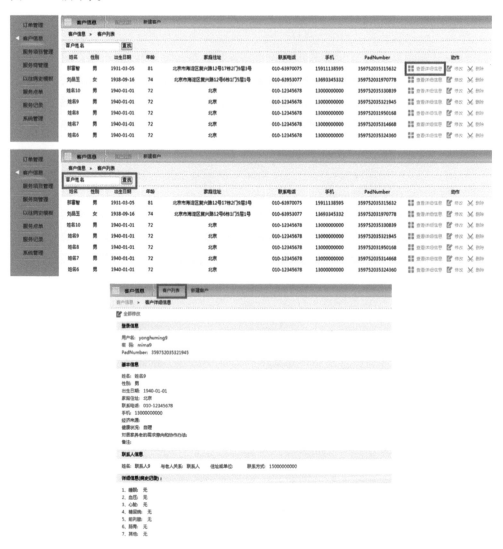

图 5-17 搜索、查看用户信息

而对于老人点单平台，在进行大量的交互层面和视觉层面的设计之外还在文案层面也进行了大量的改进。举个例子，老人在点单后需要完成预设时间的操作，而通过前期的研究我们得知老人其实不是太能理解并接受我们所常用的时间控件，而且他们对时间概念的理解也往往比较含糊，不像我们这么精准，因此我们将时间控件直接进行了重新设计，将精确的时间设置更改为上午几点到下午几点这种宽裕的他们所习惯使用的时间范围，以便他们更好地接受。顺着这种思路的引导，我们举一反三，将所有我们习以为常但老人并不一定能接受的pc语言进行了修正，改为老人更容易理解也更为熟悉的口语。

例如，在Android Pad的软件管理页面，点击掌中宽途"智慧老龄"社区老年服务管理平台的图标，进入主菜单界面，然后根据自身需求点击相应内容，进行预约服务（如图5-18~图5-22所示）。

图5-18　平台图标

图5-19　主菜单界面

图5-20　预约"生活照料"类别中服务的流程（一）

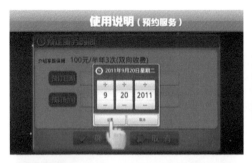

图 5-21 预约"生活照料"类别中服务的流程(二)

图 5-22 服务评分流程

老年人智能点单系统项目的重中之重是这一整套服务的设计,开创一种全新的模式,而这种模式在羊坊店社区试点后如果获得成功,将会在全国进行推广。中国已经进入老龄社会，让老年人足不出户就能享受到医疗健康和生活方面的服务，同时让此项服务的提供者在这个体系中也得到更多的方便和利益。这是一个多赢的、可持续的服务模式和商业模式。

从社会角度来考虑，这个项目的普及不但可以提高社区管理水平，有利于服务信息化在社区的传播，丰富了社区管理和服务的手段，还为促进构建更优质的养老社区服务做出了贡献。这是一个本着"以民为本"的精神理念设计的项目，是响应和谐社会建设的利民之举。

5.4 其他案例

5.4.1 案例三：Stand-helping Closestool

随着年龄的增长和体质的衰退，即便是蹲下、起立等小事都会让老人感觉到双腿备受折磨，经常有老人坐久了就不能自己站起来（如图5-23所示）。但是能够独立如厕对老人来说不只关系到坐下和站起来的事情，更关系到自己的尊严。为此，设计师就针对年长人群推出了这款"助起"马桶（如图5-24所示）。它装有一个靠液体提供能量的坐便圈，采用液压动力和杠杆原理，当需要站起的时候就会自动提供一定的助动力，从而让老人更加轻松地站起来。该产品也可以帮助那些患病或残疾的人。不过如果能够有扶手的话会更加实用和让人放心。

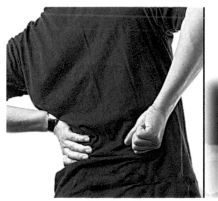

图 5-23　老年人不能坐太久

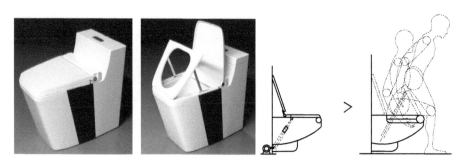

图 5-24　2011 年红点概念奖——助起马桶

设计师：Zhu Zhongyan，Zhou Jingwen

5.4.2　案例四：方便移动的椅子

一般家中的椅子，动辄 3~5 千克重，搬动椅子的动作即便对于一般人都不算非常轻松，何况是力气变弱、手指不灵活的老人（如图 5-25 所示）。2010 年中国台湾通用设计奖作品——易搬的椅子在椅子脚上增加了可伸缩滚珠，在兼顾安全的前提下，增加了椅子的便利性。坐下时，身体的重量将椅子往下压，滚珠因为弹簧压缩而进入椅脚，椅子就稳稳固定在地面上。打扫时只要将椅子推开，就可以轻易清扫椅子下的空间（如图 5-26 所示）。

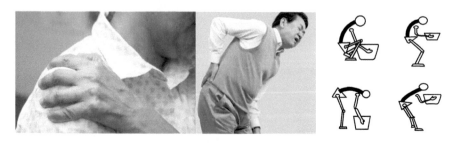

图 5-25　老年人搬东西很困难

5.4.3　案例五：V 形锁

老人的手容易发抖，难以控制，准确性差。同时老人的视力下降，对于细小的东西识别起来很困难，因此拿钥匙开锁这件居家生活中经常性的动作对他们来说变得有些吃力。尤其是在灯光条件差的老旧社区，老人经常会拿着钥匙费劲摸索好久

图 5-26 2010 年中国台湾通用设计奖——易搬的椅子

设计师：陈新翰（台湾交通大学）

才能插入锁孔（如图 5-27 所示）。

图 5-27 很多时候开锁很困难

设计师 Junjie Zhang 设计的 V 形锁很好地解决了这个难题，他把门锁外围设计成一个 V 形的导槽，只需要把钥匙沿着开口处往下划，钥匙就很轻易地进到锁孔里面。完成这个动作对视力和手的要求降低，因此老人可以很容易地完成。V 形锁的设计非常简单，却巧妙实用。老人使用起来不需要复杂操作，很容易接受（如图 5-28

所示)。

由于考虑到老人改装门锁需要成本,所以我们可以生产可固定性V形塑料导槽,老人买回家即可自行安装,这样既简单又经济。

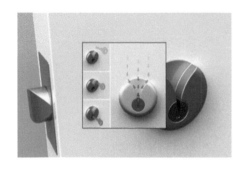 

图5-28　2010年IF设计奖——V形锁

设计师：Junjie Zhang

5.4.4　案例六：插座

相信大家都遇到过这样的问题：在拔插头时,常常由于插头卡得太紧或用力姿势不对而耗费许多力气,尤其是对于老人而言更是不方便（如图5-29所示）。

图5-29　普通插座使用起来很困难

2010年中国台湾通用设计奖"进—退"插座使插头具有"退出"功能：借由左右两侧的按钮将插座以推的方式退出插座,以"推"代替"拉",使用起来更加轻松便利。

"推"和"拉"原是两种相反的施力方式,对使用者而言拔出插头比插入插头难施力,尤其是有些插座孔隙较紧,拉出插头后身体的重心容易后倒甚至造成危险。将推和拉做一个操作上的融合,改变了使用者退出插头的动作,改善了拔插头时重心不稳和费力的问题，给手指用力困难的老人带来方便（如图 5-30 所示）。

图 5-30　2010 年中国台湾通用设计奖——"进—退"插座

北京多达产品设计公司设计的易拔插座，也是基于插座拔取困难而做的改善，易拔插座是改变现有插座标准和铜片强度，通过力学原理，以达到易拔的目的。同时设计美观易用，在每个插套上配合识别图表，有效地避免了误拔其他插座（如图 5-31 所示）。

图 5-31　2007 年红星奖——易拔插座

设计师 Seungwoo Kim 带来这款将中间掏空成一个圆孔的通用插头（Universal Plug），在传统插头外观的基础上进行了改革，把插头的中间部分设计成了一个圆环，改变了传统拔插头的方式，方便我们只用一根手指就可轻松拔出插头。设计师还在圆环内设计有一圈 LED 光环，可以让用户在夜间迅速地找到它，直观地提醒我们使用完设备后应将插头同时取下。另外，内置的 LED 非常节能，也可作为廉价的小夜灯照明使用（如图 5-32 所示）。

图 5-32　2010 年 IF 概念设计奖——圆孔通用插头

设计师：Seungwoo Kim

5.4.5　案例七：穿针引线

大部分老年人都会视力下降出现"老花眼"的情况，而老年人尤其是老年女性又是缝补衣服的主要人群，因此会经常遇到眯着眼睛瞄半天线还穿不过针的窘境，即便不停地将线的前端沾湿拉直，都无法顺利地将线穿进细小的针孔里（如图 5-33 所示）。为了解决这个问题，我国台湾设计师设计的 Freedle 将针尾端原本细小的孔利用具有压缩性的尼龙线加倍放大，让人们能轻易地将线穿入孔中。并在 Freedle 上的尼龙线加入荧光涂料，让掉落于阴暗处的针可微微地发光，帮助人们轻易地找寻它们，不造成危险（如图 5-34 所示）。

图 5-33　老年人穿针引线很费力

第 5 章 老龄产品设计之"住" 129

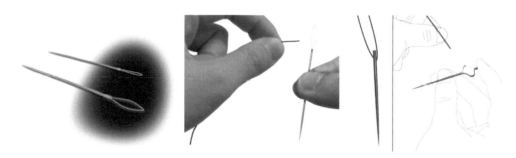

图 5-34 2009 年 IF 奖——Freedle
设计师：李佩欣、黄晟嘉、毛迦霖（高雄师范大学）

5.4.6 案例八：球形洗衣粉

在日本的养老院、老人用品超市等地方，都可以买到一种老人专用的球形洗衣粉。这种洗衣粉大大简化了老人洗衣时投放洗衣粉的工作。一般人们使用洗衣粉或洗衣液洗衣服时，会通过量杯控制用量，老人因为身体机能下降，手或身体其他部位容易颤抖，会将装在量杯或量勺中的洗衣粉洒落在地；或者因为视力不好，放入过多洗衣粉，导致衣服上残留洗剂，对健康不利。如果再让老人根据不同衣料投放柔软剂等，那对老人来说就更难了。普通洗衣粉如图 5-35 所示。

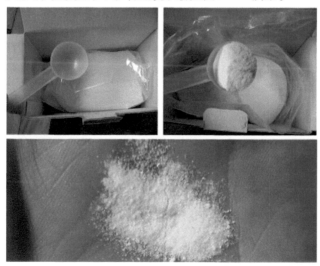

图 5-35 普通洗衣粉

图 5-36 球形洗衣粉

日本老人用品设计专家考虑到老人在这方面的困难后,就开发了"老人用球形洗衣粉"(如图 5-36 所示),即将粉末状的洗衣粉制作成一个个大小不同的小球。老人只需根据洗涤衣物的重量,投入相应的洗衣粉球即可。比如一次洗涤 6~10 件衣物,可使用最大号的洗衣粉球;洗涤 3~5 件就用中号的洗衣粉球,依此类推。这样,老人洗衣服时再也不用特地戴上老花镜,小心翼翼地拿着量勺投放洗衣粉了。球形洗衣粉颜色也很好看,有浅蓝色、浅绿色、浅粉色等,乍一看像是冰激凌球,还带着淡淡的薰衣草香味,很受老人喜欢。

5.5 结语

老年人的居住和生活涉及的范围非常广,而且还会对其他方面产生影响,不是孤立存在的问题。老有所住是老年人生活的基本保障,只有这方面的问题得到解决了,老年人的幸福生活才有保障。因此如何解决老年人晚年居住和生活所面临的困难,实现养老服务资源的合理配置以及老年设计、设施、产品、服务的合理规划,将非常值得社会关注。同时也要考虑到当今社会的特点,比如失独老人的增加、空巢老人群体的出现、特殊的 "4+2+1 家庭" 等,对老年人居住和生活的影响。

5.6 参考文献

[1] 周娟. 中国养老社区的服务、运营与培育研究 [D]. 武汉:武汉大学,2010.
[2] 刘立峰. 养老社区发展中的问题及对策 [EB/OL]. 中国改革论坛网,2012-02-23.
[3] 周志. 养老改变生活——亲和源养老模式探究 [J]. 装饰,2012 (9).
[4] 周燕珉,林婧怡. 基于人性化理念的养老建筑设计——中、日养老设施设计实例分析 [J]. 装饰,2012 (9).
[5] 高晓路. 中国城市居家老人养老行为调查分析——以北京市为例 [J]. 装饰,2012 (9).

[6] 陈思雨. 浅论老年人随身用品设计中关注的问题 [R]. 首届中国高校美术与设计论坛, 2010-12-21.

[7] 佗卫涛. 基于感性工学的老年人用品设计 [J]. 美术大观, 2009 (1).

[8] 封冰. 老年人生活用品时尚设计研究 [D]. 南京: 南京艺术学院, 2007.

[9] 谢金勇, 宗明明. 老年人居家用品潜在风险的设计阻断探究 [J]. 大众文艺, 2010 (9).

[10] 咸晓艳. 从需求谈中国老年人日常生活用品设计 [D]. 山东轻工业学院, 2011.

5.7 扩展阅读

1. 其他养老方式

养老模式	简　介	适合人群
日托养老	社区内成立像托儿所一样的托老所或老年活动室等，向老人提供饮食、娱乐、图书等，老人白天在此托管晚上回家，这种方式既能保证老人丰富方便的生活，又能让儿女放心	住在社区内的老人
候鸟式养老	根据季节气候等变化，选择适宜居住的城市，比如冬天会选择去海南，夏天会选择哈尔滨，可以是购买住宅，也可以是租屋居住	身体状况颇佳、经济条件好、喜欢旅游的老人
乡村养老	乡村的空气新鲜，生态环境优越，生活成本低廉，吸引了众多的退休老人前来养老	家乡在农村的城市退休老人、收入低较的老年人、喜欢接近大自然的老年人
异地养老	从生活成本高而居住环境恶劣的大城市移出，迁移到生态环境优越、生活成本较低的城镇养老居住	经济条件不太好但喜欢旅游的老人，旅游养老两不误

续表

养老模式	简　　介	适合人群
售房入院养老	将自己的住房出售，用这笔钱财居住到较好的养老院养老，既节约社会资源，又使得养老生活增添了众多的乐趣，同时保障自己晚年的生活质量	有房产又不愿与子女同住，喜欢热闹的老年人
家内售房养老	这是家庭内部售房养老的交易行为。父母将自有住宅出售给子女，借以换得房款做养老金。这是将父母与子女的赡养与继承关系，用金钱的方式进行交换，对不愿意赡养父母而只想承继房产的子女是一大打击	容易接受新观念的老年人
售后回租养老	人们将已具有完全产权的住房先行出售，再通过"售后回租"的方法达到以房养老的目标。既可以获取一大笔款项用于养老生活，又能保持晚年期对住房甚至是原有住房的长期乃至终生的使用权	不愿意离开家，投资比较谨慎的老年人
遗赠养老	老人同亲朋好友约定，由对方负责养自己的老，自己死亡后，将住房遗赠给对方。这是在我国几千年来民间社会广泛流传的"你给我住房，我为你养老"的以房换养方式，已有悠久历史	没有子女又希望和熟悉的人同住的老年人
大房换小房养老	卖出原居大屋，购进适合居住的小屋，用售房购房的差价款为养老提供更有实力的保障	住房处于市区较为中心位置的老人
租房入院养老	将自己的住房出租，再通过另租房或入住养老公寓、养老院的方法达到以房养老的目标。既保障有房可居，又能获取持续稳定的租金收入用于养老生活，还能保证在自己身故后原有住房遗留给子女	有一套以上住房或住房面积较大的老人
招租养老	在家中招徕年轻大学生做房客，一扫往日的沉闷暮气，身边既多了人员照顾，又有一笔可观的房租作为生活费补充	城市中的孤寡老人

续表

养老模式	简 介	适合人群
合居养老	一些老人将自己的住房出售，将钱财合并一起，在较好的地段合资购买面积较大、功能较好的住宅，大家居住一起。这样既可以降低生活成本又消除了寂寞空虚感	若干志同道合且又收入较低、住房环境较差的老年人
小型家庭养老	把自己的住房装修成适合老年人居住的场所，雇用养护员或由原家庭成员为老年人服务	半自理和不能自理的老年人
基地养老	在大城市周边生态环境优越、交通便利、经济不够发达地区建造大规模养老基地，将城市的老年人自愿移入居住，实施基地养老。这一做法既可提升养老的品位和生活质量，又相对节约了养老成本	有一定经济实力、喜欢亲近自然又不愿离家太远的老年人
集中养老	以乡镇为单位举办养老机构，将村庄的"三无"老人适度集中一起居住养老，由政府来埋单	农村的"无儿女、无固定收入、无法定赡养义务"老人
货币化养老	由相关部门拿出一定的资金，以货币券的形式向特困老人发放，老人可以持券到社区购买服务，从而实现居家养老	城市特困和孤寡老人

2. 颜色对于人的影响

色彩具有精神价值，人们常常感受到色彩对自己心理的影响。这些影响总是在不知不觉中发生作用，左右我们的情绪甚至健康。色彩的心理效应，发生在不同层次，有些属于直接的刺激，有些要通过间接的联想，更高层次则涉及人的观念、信仰。

心理学家对此曾做过许多实验，他们发现在比较明艳的色彩中，人的脉搏（如红色）会加快、血压有所升高、情绪也比较兴奋。而处于比较偏冷颜色的环境中，身体各方面会比较平静。

冷色与暖色是依据心理错觉对色彩的物理性分类，对颜色的物质性印象来区分的。波长长的红光和橙、黄色光，本身有暖和感，照射到任何色都会有暖和感。相反，波长短的紫色光、蓝色光、绿色光，有寒冷的感觉。夏日，我们关掉室内的白炽灯，打开日光灯，就会有一种变凉爽的感觉。

以上的冷暖感觉，并非来自物理上的真实温度，而是与我们的视觉与心理联想有关。总的来说，人们在日常生活中既需要暖色，又需要冷色，在色彩的表现上也是如此。

3. MVRDV 建筑设计事务所

MVRDV 建筑设计事务所创建于 1991 年，是当今荷兰最有影响力的建筑师事务所之一。它由三位年轻的荷兰建筑师韦尼·马斯、雅各布·凡·里斯和娜莎莉·德·弗里斯组成。尽管事务所创建时间不长、作品不多，但在国际建筑界影响广泛。

MVRDV 非常关注荷兰整体的社会发展趋势。不论在建筑或城市设计中，还是在景观设计中，他们都希望表达一种对社会生活状态的独有理解和关怀。这也促使其重新审视已有的建筑设计方法和观点，例如在设计过程中，建筑师必须遵守的烦琐程序和限制，特别是政府标准和规范，一般来说，建筑师们通常认为这些限制会与设计构思发生冲突，进而影响设计方案的最终质量。对此，MVRDV 持相反的观点，并提出了一些新的概念和方法来解决这些限制，例如数据景观（data-scape）。他们认为这些限制完全可以作为一种挑战，甚至作为一种合理的设计因素，通过新方式重新解释它们，从而使设计进一步完善。

在具体的实施过程中，他们首先把各种制约因素作为建筑组成的一部分信息，通过计算机转换处理为数据并绘制成图表，这样既取得了直观的效果，也使建筑师更容易理解并处理影响建筑最终生成的各种因素。这就是所谓的"数据景观"的概念。

4. 荒川修作

日本观念艺术家荒川修作是 20 世纪 50 年代前卫运动的先锋，他曾参加 1957 年的"读卖新闻独立展"（Yomiuri Independent Exhibition），展出了他的作品"棺木"系列。1970 年，荒川修作代表日本参加了威尼斯双年展，展出他创造的《示意图》（diagrams）系列的绘画和三维作品。后来，荒川修作开始将创作重心集中于具有建筑性的项目上，其中包括 1995 年在日本岐阜县的养老公园（Yoro Park）；2009 年东京三鹰市的"转运阁"。在这些作品的创作中，艺术家自然地将艺术、科学和哲学相结合。

荒川修作于 2010 年 5 月 19 日在纽约逝世，享年 73 岁。

5. "十一五"社区服务体系发展规划

2007 年，国家发展和改革委员会、民政部印发了《"十一五"社区服务体系发展规划》（以下简称《规划》），这是我国社区服务体系建设领域的第一个国家专项规划，将有力引领社区服务体系的发展，为居民群众带来实惠。

《规划》明确了"十一五"期间社区服务体系建设的指导思想与发展目标，提出到 2010 年，全国每个街道基本拥有一个综合性的社区服务中心，每万名城镇居民拥有约 4 个社区服务设施，每百户居民拥有的服务设施面积不低于 20 平方米；70% 以上的城市社区具备一定现代信息技术服务手段。初步建立起覆盖社区全体成员、服务主体多元、服务功能完善、服务质量和管理水平较高的社区服务体系。

《规划》部署了"十一五"期间社区服务的四项重点任务，即以满足居民公共服务和多样性生活服务需求为目标，发展全方位、多层次的社区服务业；以社区服务站为重点，构建社区、街道、区（市）分工协作的社区服务网络；以信息服务网络整合建设为依托，推进社区服务信息化；以体制改革和机制创新为动力，建立健全社区服务组织体系。

为加快社区服务体系的建设，《规划》提出由中央安排预算内投资 6 亿元和福利彩票公益金 1.3 亿元，支持社区服务体系重点工程项目的建设，在全国范围内规划建设约 3 000 个示范性的综合性社区服务设施。其中，城市社区服务信息网络 100 个，街道社区服务中心 500 个，社区服务站 2 400 个。

《规划》还对社区服务体系建设的组织领导、法规建设、人才培养、建设主体责任、投入保障机制、扶持政策等问题做出了明确规定。

第6章 老龄产品设计之"行"

6.1 问题

2013年春节过后,旅游报价像溜滑梯一样直线下降。记者在大庆一些旅行社了解到,随着春节出行高峰的结束,大庆旅游市场迎来了"老年游"的旺季。记者走访我市多家旅行社了解到,节后出游人员中老年人占七成左右(如图6-1所示)。

图6-1 老年人旅游

由于春节过后，酒店、机票等价格普降，旅游价格大幅跳水，许多路线价格降幅更是高达50%。经济实惠的旅游报价，使得许多老年人选择在这个时节出游。"现在的旅游价格是一年中的最低价，而且出行人数较少，不是很拥挤。因此，来参团的游客以老年人为主。"中旅国际旅行社相关负责人说。

老年旅游的另一个特点就是南方旅游路线成首选。"现在北方仍然较冷，想让父母到海南走一走、玩一玩，感受一下那里的椰风海韵，放松一下。"正在咨询旅游事宜的徐先生说。青年旅行社的卢女士告诉记者，现在来参团旅游的老年人都比较热衷气候温暖、湿润的南方城市，云南、海南等地的参团人数占总人数的80%左右。

随着中国经济的大幅度发展，人们生活水平的提高，老年人也摆脱了传统思想的限制，他们出游的愿望普遍增强，很多老年人选择出去走走看看，享受一下晚年幸福清闲的生活。辛辛苦苦一辈子，不只他们自己希望去看看这大千世界，子女同样也希望老人晚年能享受享受生活。加之老龄化社会的来临，我国老年旅游业将面临较大的发展机遇，中老年人作为旅游市场中一个庞大的主体群，开发老年人旅游资源的银色经济正蓬勃发展。不仅一、二线城市的老年人有出去旅游的意识，乡镇的老年人也开始放眼中国，选择在清闲的时候出去走走看看。因此，在新时代，我们应该为中国这个庞大的群体——老年人多思多想，让他们行得平安，行得快乐。
(2013年02月28日—来源：大庆市政府　编者：所双雨)

6.2　案例一：针对老年人旅游的服务设计——"老年人专列"

老年人旅游，最近开始变成一个话题被大家热议，因为这是一个面向"夕阳"群体的"朝阳"产业。老年人旅游开始变得普遍，也变成很多儿女向父母表达孝心的时尚方式，老年人退休之后可以有充足的时间从传统生活中走出来，走向大自然，走向各个旅游景区，为此市面上出现了一些所谓的"老年人旅游专团"，开发"夕阳红"旅游线路来满足老年旅游市场需求。现在我国每年老年旅游人数已经占到全国旅游总人数的20%以上，老年人作为一个特殊群体，他们的月收入、年龄结构、身体健康状况、闲暇时间、出游动机和目的等都对外出旅游产生影响。因此，研究老年旅游消费心理、出行动机等行为对于开发老年旅游市场有着积极的意义。

6.2.1 老年人旅游动机（如图6-2所示）

（1）享乐动机。老年人为子女为家庭操劳了半辈子，随着儿女成家立业，老年人的闲暇时间增多，终于可以松口气享受一下生活。

（2）怀旧动机。退休之后生活的节奏突然放慢，老年人的心态渐渐地进入到一种安详和宁静的状态，在这种状态下老年人喜欢回忆往事：曾经去过的地方、年轻时的朋友、以前想去未去的地方等，这些都促使老年人想走出去看一看。

（3）审美动机。审美动机是所有旅行中必不可少的，老年游客外出旅游的重要目的之一就是想去观赏祖国的壮丽山河。

（4）人际动机。现代社会是一个信息社会也是一个难以沟通的社会，儿女与父母的交流机会也越来越少，孤独和寂寞是老年群体的一种普遍反映。出去旅游有助于老年人排忧解难、结交朋友。

图6-2　老年人旅游出于不同的动机

6.2.2 老年人旅游心理（如图6-3所示）

（1）交通心理。老年旅游者多具有失落感、怀旧感和久安长寿等心态，他们喜欢悠闲自得的旅游方式。同时希望得到礼貌而热情周到的服务，特别是人性化的关怀和细心周到的情感服务。

（2）食宿心理。一般来讲，老年人通常喜欢选择距离游览景点较近的或距离适

图6-3 老年人旅游心理

中的饭店食宿,以节约路途往返时间,往往对食宿要求不是很高。

(3) 购物心理。老年人外出旅游时非常注重物有所值,他们受经济条件的制约和相对传统的消费观念的影响,不太追求单纯的奢侈与豪华。他们在购买商品或服务时会综合考虑各方面,实惠的价格就是他们考虑的重要因素。

(4) 旅游偏好心理。老年人由于生理、心理、阅历等情况与其他年龄组差异很大,形成了独特的旅游偏好和习惯。环境优美、幽雅宁静的自然山水、湖泊海滨与历史人文景观是老年人偏爱的旅游地点。

(5) 旅游信息来源渠道。在旅游信息来源渠道方面,老年旅游者特别注重旅游产品的口碑宣传。务实、合理的广告更能激发老年消费者的消费欲望。

(6) 选择旅游方式。在旅游方式方面,老年人由于行动迟缓和身体健康状况欠佳,不太愿意在游览过程中为交通食宿等问题多费周折,更愿意以参加旅行团的方式出游,既方便又省力。

(7) 旅游停留时间。受精力的影响,老年人停留在景点的时间一般较短,不会像年轻人那样做深度游来体验生活,除非是那种季节性休养旅游。

(8) 旅游地的远近。人到老年,对家乡的归属感就比较强烈,老年人一般不太愿意离开太远,通常会选择离自己的居住地比较近的城市或地区游玩,出国旅游比例较小。

因此,当前的很多旅游服务并不适合老年人,比如说,黄金周出游,老年人在旅游淡季有大量的闲暇时间，并不想也没有精力凑年轻人放假旅游的热闹；而很多老年人并不习惯坐飞机，而是更放心坐火车出游；老年人易疲惫的身体状况致使他们承受不了紧凑的旅行安排。

6.2.3 老年人旅游市场存在的问题

通过上面对于老年人旅游消费心理和旅游动机的分析，结合当前市场上的旅游产品，我们不难看出如今老年人旅游市场存在的问题：

（1）旅行社对老年旅游市场开发不足，供需不平衡。目前市场上专门为老年人量身定做的旅游产品和服务相对老年消费群体的扩大而言，还存在很大的差距。

（2）旅游景区、景点的产品设计缺乏针对性。大部分旅游景点在规划开发时就没有考虑到老年群体对旅游景区游览的要求，同时，在景区也很少有适合老年人参与的活动，致使老年人对许多景区不感兴趣。

（3）旅游服务的个性化不强。目前，我国专业为老年人提供旅游服务的组织和机构很少，并没有健全的、人性化的服务体系，无法满足老年人特殊的要求。在健全服务体系、渗透社会各类人群、提升服务质量、方便老年人出游上有待提高。

（4）旅游商品市场较为混乱。由于市场的不规范欺骗老年旅游者的事件时有发生，使得老年旅游者的合法权益受到侵害。保护老年旅游者的权益也是一个亟待解决的问题。

（5）旅游产品性价比有待提高。我国传统的观念使大多数老年人都有勤俭节约的习惯，太高的消费价格仍会使老年人望而却步，所以多数老年人对旅游产品价格十分敏感。

6.2.4 老年人旅游服务设计分析

针对目前我国老年旅游存在的诸多问题，我们应该从多方面着手大力发展老年旅游市场，为老年人旅游创造一个优越的环境。那么如何才能做好老年人旅游市场的开发和发展？老年人旅游产品服务设计这一理念便被提出和应用。对于一般的产品来说，最终会以一件物品作为产品体现，而对于旅游产品来说，则表现为旅游的整个服务流程。此时，服务即是产品，因此对旅游产品的设计就演变成对服务的设计，服务也同样可以通过设计来使其拥有更好的品质。只是老年人旅游作为一种面向老人群体的服务，并不像传统旅游那样简单和成熟，为此我们需要引入老年人旅游服务设计这一理念，希望能够给老年人旅游的发展提供一些建议。

其实要做好服务设计并不困难，因为判断一项服务设计的标准很简单，那就是用户体验。在当今这个用户体验被提升到前所未有的高度的时代，不管是产品设计还是服务设计，最终面向的对象都是用户，那么在产品设计中使用的用户研究，提升用户体验的方法，在服务设计中也是同样适用的。但是大部分产品都是实体化的，由工厂流水线生产出来的，通过设计、生产，就会得到完全相同的产品。而在这方面，服务行业以及服务设计却又不能像实体产品那样通过流水线生产得到完全相同的产品。因为服务的提供，也是由人来完成的。而由不同的人所提供的服务，是肯定有差别的，即使是同样的服务，由不同的人来执行，结果也必定是有差异的。这也就解释了对于老年人旅游服务来说，总能看到有关选择规范的旅行社的提示的现象。换个角度来说，如何保证由不同人来提供服务但服务品质不变，才是服务设计中最难解决的问题。

针对老年人旅游的服务设计，其中老年人作为用户，是整个服务设计中最为核心的部分，他们的体验决定整个产品的好坏。整个旅行服务，从开始的开团，到后面的交通、路线及时间安排等旅行的方方面面的安排、设计，只要时刻围绕用户，从老年人的角度出发考虑问题，整个流程自然会水到渠成。通过了解目前的老年人旅游服务，我们发现对当下一些旅游服务的细节进行调整，便可以成为适合老年人的旅游服务。例如在旅游时间上，老年人旅游服务的时间大多集中在每年的旅游淡季，一方面错开喧闹的黄金周，另一方面又降低了旅游的支出成本；在旅游路线上，通过结合一些怀旧的主题或者元素，设计出很多受老年人欢迎的旅游路线；在交通工具上，大多采用火车与汽车结合的方式，老年人时间充裕，并不需要坐飞机来节省那几个小时的时间，大部分老年人对火车的信赖程度是高于飞机的，同时也符合老年人节俭的习惯（如图6-4所示）；在行程规划上，行程的规划一般比较松散，因为老年人的身体不如年轻人，长时间奔波后容易疲劳，所以慢节奏的、舒畅愉悦的旅游行程对老年人游客是十分必要的。除此之外，一般的老年人旅游服务会在旅游开始以及旅游途中时常提醒老年人注意身体健康，并且会准备常用的药物和医疗用品，这些对用户负责、时刻为用户着想的小细节正是提升服务品质即用户体验的关键所在。

很多旅行社认识到了这一点，并迅速地推出了专门针对老年人设计的旅游服务。例如淡季时，旅游接待资源充足，这个时候最适宜老人出游，各大旅行社纷纷推出

图6-4 火车是一种方便快捷的交通方式

"银发游"线路,主打"慢游",受到老人们的欢迎。"慢游"作为一种新的旅游方式,正在进入人们的视线,逐渐被很多人接受和喜欢。所谓"慢游",区别于现如今各种小长假时年轻人走马观花的快速游览方式,它是一种不讲求速度、数量,而注重质量的旅游体验。因为它的过程悠闲、节奏舒适,非常适合老年人,越来越受到他们的喜欢。"慢游"基本以火车出游为主,又叫"老年人火车专列"旅游,火车专列游是一个一线多景,车随人走的特色旅游形式。火车晚上载着游客前往目的地,白天到了景点,游客可以下车游玩,既能减少旅途疲惫,又能提高旅途舒适度。因为有些老人不习惯搭乘飞机,火车漫游更能让老人们体验悠闲游玩的乐趣,适合他们跟朋友一路谈天说地、"慢"游赏景,并且火车游更为价格实惠(如图6-5所示)。

图6-5 老年人旅游火车专列

6.2.5 老年人旅游策略

根据上面我们对老年人旅游服务设计的分析，再结合老年人旅游动机、旅游心理以及目前市场上存在的问题，下面我们提出了几个小的建议，希望能够对老年人旅游市场的发展有帮助。

(1) 做好市场调研，进行市场细分。老年人消费群体既有相同需求也有不同需求，应该对其进行准确定位，针对不同人群设计不同的旅游产品。一般来讲可以分为三类人群：离退休人员，他们有一定经济基础、文化涵养、充足的时间和出游的意愿；较富裕老年人，他们经济状况较好、时间充足、个人涵养参差不齐，通过积极的引导和鼓励将是很有潜力的消费群体；乡镇普通老年人，这部分所占比例大，经济收入较差、文化程度偏低、出游经历少而对外面的事物充满好奇。

(2) 突出老年旅游特点，开发老年旅游产品。老年人的旅游活动要始终贯彻安全便利、时间自由、经济实惠、文化丰富的特点。根据老年人的需求开发和设计富有老年特色的旅游产品，如生态旅游、专题旅游（金婚游、亲情游、怀旧游、故地寻根游、红色游等）、医疗保健游、宗教朝圣游等（如图6-6所示）。

图6-6　老年人特色游

(3) 规范旅游商品市场。市场的不规范，导致欺骗老年旅游者的事件时有发生。很多旅游商品经营者认为老年人年纪比较大没有年轻人精明灵活，因此出现以次充好、强买强卖等不规范的经营行为，使得老年旅游者的合法权益受到侵害。由此也导致老年人在旅游时对于购买旅游商品产生阴影。由此可见，老年旅游者的弱势群体地位使他们更加要维护和保障自身权益，所以规范旅游商品市场是个迫切需要解决的难题。

（4）灵活促销，不断进行优化价格策略。利用老年人时间充裕的特点，旅行社可以推出淡季特价游，降低成本扩大利润，这也有助于缓解淡季旅游设施闲置问题。

（5）加强宣传力度。老年人在选择旅游目的地时比较容易接受亲朋好友和一些旅游代办公司、老年人咨询公司及老年俱乐部的口头推荐，因此口碑宣传非常重要。另外，由于老年人的消费者心理和经验，他们相信通过多家对比进行选择，可以规划一个专栏或热线专门为老年人介绍相关信息。

6.3　案例二：无顶鞋 Topless Shoes

行走是大部分人日常生活中重复最多的一个动作，研究表明，人类在步行中足部所承受的反作用力可以达到体重的 1.5 倍，而跑步时这一数值将达到 2~3 倍。老年人随着年龄的增加，关节柔韧性降低、视力减弱等相关身体机能的变化，导致老年人的足部在缓冲地面反作用力、吸收地面冲击力和协调人体平衡方面的能力下降。虽然以上变化是正常情况，但是如果不加注意将会引起一些疾病，如拇趾外翻、锤状趾、小趾骨囊炎、胼胝、鸡眼等，同时穿鞋不舒适也会大大增加老年人出行的危险。这不仅会给老年人的身心带来极大痛苦，同时也给家庭和社会带来负担。

说到如何减少这些问题所带来的危害就不得不说鞋子，"好鞋半身衣"这句话说出了鞋子的重要性。鞋子作为我们出行的最基本工具，每天都陪伴着我们。不同于衣服等其他东西，穿鞋的讲究是非常多的，有这样一句俗语"鞋子合不合脚，只有穿的人知道"，可见对于鞋子我们需要好好选择。特别是老年人，穿鞋更应该有讲究。老年人在生理上发生了很多变化，这些变化对老年人穿鞋子的影响非常大（如图 6-7 所示）。

图 6-7　找到一双合适的鞋子不容易

老年人生理现象	带来的问题	对鞋子设计的影响
驼背现象，重力线发生位移	走路时上身会前倾，重心掌握不稳而摔倒	1. 保持前后的稳定性很关键 2. 鞋跟不能为平跟，要有一定的高度 3. 鞋跟要有一定大小的受地面积，鞋跟不宜太细太小
脚趾普遍出现拇指内翻，趾关节出现不同程度的变粗、隆起或脚趾挤压的现象	足趾僵硬，灵活度降低，活动减少；足面变宽，怕挤压	1. 内腔不能过于狭窄，要留有一定的空间 2. 不宜采用尖型、方型鞋头
足部肌肉、韧带会出现退化，肌肉的力量会随之减弱，足弓塌陷，弹性逐步丧失	踝关节灵活度降低，协调能力变差，容易摔倒或扭伤；足部肌肉容易疲劳，肌腱容易损伤；足跟脂肪垫萎缩引起足疼痛，进而对腰部和大脑产生不良的影响	1. 注意鞋底柔软的韧性。如采用韧性较好的天然橡胶底 2. 要有防滑设计。通过鞋底的花纹形式、花纹深浅、花纹倾斜角度等来实现
手脚不灵活，应对能力迟缓；膝关节、腰关节老化	弯腰困难，手指不能够精细操作	1. 避免拉链式、系带式、纽扣式等锁扣方式，首选"一脚蹬"式 2. 鞋靴设计尽量轻便

正常时大家穿鞋是一种什么样的状态呢？停下来，半弯着腰或者蹲下，用手去提鞋并把它固定好，然后起身行走。这几乎是一个全身运动，不像拧瓶盖或者按下按钮那么简单，动作幅度非常大。当然，这对一般人来说没有什么问题，我们也从来没有想过穿鞋会遇到什么困难。可是穿鞋这件看似再简单不过的事情，对于残疾人、老年人等特定群体来讲就不是那么理所当然了。想象一下这个场景：有个老人晚上起夜，想下床上厕所，他的腿脚不方便、患有腰椎间盘突出、手指因患有关节

炎而变得不灵活、老来发福身体变胖并伴有高血压，这时他要穿鞋子。在这个过程中他会遇到很多麻烦：找到鞋子，然后分清前后左右，弯腰去穿……这些对于他来说太复杂也太困难了，同时还存在安全隐患，万一弯腰起身过程过快就容易瞬间供血不足而引发心血管疾病（如图6-8和图6-9所示）。

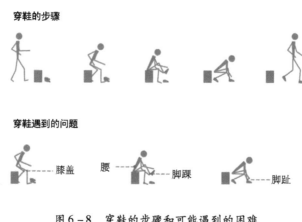

图6-8　穿鞋的步骤和可能遇到的困难

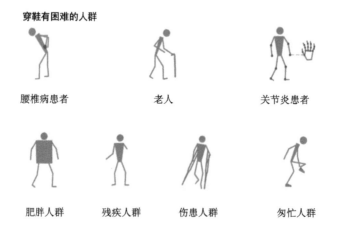

图6-9　穿鞋有困难的人群

为了解决这个问题，浙江大学的创新团队认为对于老人、关节炎患者、肥胖者等群体而言，穿鞋并不像我们平时所想象的那样容易。最方便的解决办法就是不用

"穿"，便可以走路。于是就设计出了一款概念鞋子：Topless Shoes，并获得了2011年红点概念奖。

正如Topless Shoes（如图6-10和图6-11所示）的名字所表示的一样，这款鞋子的创新之处是没有鞋面，全开口的鞋面设计省去了我们常见的鞋带、拉链、卡扣等固定部分。取而代之的是顶部中间深深的缝隙以及柔软而富有弹性的内层，使得脚踏上去时，鞋面会由于压力而凹陷，给人的感觉就像脚沉到一个温暖而柔软的洞里，让鞋紧紧地包裹住脚而不掉下来，具有坚固而舒适的握感。

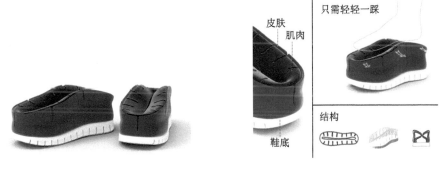

图6-10　Topless Shoes（a）　　　　图6-11　Topless Shoes（b）

这款鞋子的设计就很好地体现了通用设计思想。穿鞋时不仅可以不系鞋带，还可以不分前后、左右随便穿。记得小时候，学习分鞋子的左右脚是一个非常困难的事情，往往需要很多次才能记住，有时候需要思考好久才能分清楚。相信如果有这样一款可以不分左右脚的鞋子，孩子们也就不用为穿鞋分不清左右脚苦恼了。同时为了保证鞋子的透气性，鞋子的两侧开有很多个透气孔。被称为"肌肉"的弹性层带给人足够的舒适感，让所有见到它的人都有想去踩一下的冲动。

同时更为重要的是设计师不仅从功能层面还从心理层面来考虑问题，为了使老年人等弱势群体没有被贴上某某类标签的感觉。设计师运用无差别、通用的概念，使这款鞋子以其简单的穿鞋方式，吸引每个人使用，因为看上去它也是一款很潮很时尚的鞋子，能够给用户一种便利的、自由的、全新的体验，实现使用方式上的平等。

当我们惊叹它的创意之时，我们采访过许多老人，他们告诉我们，他们并不喜欢这款鞋子，因为一来是感觉它像给过世的人穿的丧鞋，不吉利；二来是感觉鞋底太厚，担心会很板很硬，走起来不跟脚。所以，好设计需要尽可能多地去考虑到各种因素。

6.4 其他案例

6.4.1 案例三：不倒翁拐杖（Balance Stick）

有这样一个例子，小王和母亲住在城市里，他每天上班，母亲一人在家要独自做许多事情。他这样讲述她母亲的经历：我的母亲每次行走几乎都需要使用拐杖，尽管我们买它来是希望能帮助我们，但在使用的过程中却能遇到很多麻烦。特别是经常一不小心就把拐杖掉在地上，需要母亲弯下腰或者蹲下来才能拿起拐杖，但是这对于患有腰肌劳损和双腿行动不便的她来说是非常困难的。

看了上面的例子大家都会有体会，每个人家里或亲戚中都有长辈，他们年纪大了需要拐杖来辅助行动，但是也会像上面事例中的母亲一样遇到拐杖掉在地上需要捡的难题，如何解决这个问题，让拐杖成为老年人真正贴心的好帮手？设计师 Cheng-Tsung Feng 和 Yu-Ting Cheng 深入分析了拐杖在使用中存在的一些问题：

（1）当拐杖不小心掉落时，使用者必须弯腰去捡，这对高龄使用者的腰部和腿部而言是个负担。

（2）使用者必须一直拿着拐杖，或是得要找地方靠着才能放下。

（3）市面上现有有脚架的拐杖，角架太重、占地面积大、外形不美观，遇到走楼梯等情况时很不方便。

（4）在倾斜的面上，拐杖难以独自站立。

针对以上问题，他们想出了拐杖的如下改进方面：

（1）拐杖不会倒，能够自行平衡站立，也就不需要弯腰捡。

（2）拐杖不需要一直用手握着，也不需要找东西倚靠，在某些需要放开拐杖的情况下，双手是自由的。

（3）拐杖的末端面积小，在走楼梯等情况时没有碰撞的障碍。

（4）拐杖在斜面上也能够站立。

于是产生了这款为行动不便的人群设计的"不倒翁"拐杖（如图 6-12～图 6-15 所示）。这款拐杖利用了"不倒翁"的原理，头轻脚重，使得拐杖松开手时也能保持直立,这样就不用担心拐杖没有依靠而倒在地上,不用担心拐杖掉了没人帮忙捡起来。

图6-12 不倒翁拐杖1

图6-13 不倒翁拐杖2

这款拐杖不仅帮助老年人解决了捡拾拐杖的问题,同时更重要的是通过细小方面的改进,照顾了老年人的心理,人到老年最不愿面对的就是自己一天天变老、不能独立自主地完成生活中看似简单的事情。在细小方面的改进使得老年人能够自己解决遇到的问题,让他们不再为连捡拐杖这样的小事儿都无法独立完成而产生挫败感,同时不再为需要麻烦别人而感到过意不去。

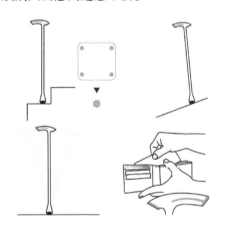

图6-14 不倒翁拐杖3

"不倒翁"拐杖的造型和颜色区别于传统拐杖,接地端的球形设计使得在行进时保持流畅,透着简洁、时尚。白色和绿色的搭配使拐杖看上去轻松、清新。这些设计细节给老年人一种全新的体验,仿佛自己也变得年轻有活力了。

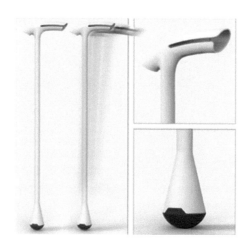

图 6-15 不倒翁拐杖 4

6.4.2 案例四:"多功能模块化"老年人拐杖

"多功能模块化"老年人拐杖(如图 6-16 所示)是一款结合最新的技术以及模块化产品设计的理念,专门为老年人设计的产品。主要包括定位、扩音、定时药盒、荧光提醒等功能,方便老年人日常出行。

图 6-16 多功能模块
化老年人拐杖

该款概念设计是北京邮电大学汪晓春副教授指导的国家大学生创新项目。创新小组通过对老年人的观察和研究同时结合老年人的生活特点,对传统的拐杖进行了重新解构,增添了多种实用的功能,赋予拐杖新的定义。

新型拐杖采用模块化的设计理念,对原有的拐杖进行重新解构。每个模块都具有特定的功能,模块之间依靠螺纹连接,简单易用。每个模块既能与拐杖相结合使用又能独立使用,满足老年人多样化的需求。

拐杖的各项功能与老年人的生活密切相关,为老年人的外出活动提供了有力保障。拐杖把手的扩音功能,通过物理原理扩大音量,减少了老年人沟通的困难,让老年人之间的交流过程变得更加轻松;定位功能,通过成熟的定位功能,家人只需要向指定手机号码发送一条短信就可以方便、快捷、准确地知道家里老人所在的地点,充满了人文关怀;定时药盒,能够存放老年人一天所需的药物,同时能够设置服用药物的时间,让出行在外的老年人能够快速地找到所需药品准时用药;荧光提醒功能,拐杖身上的荧光条,白天自动吸收光能,晚上发出淡淡的荧光,让老年人即使是在夜里也能够方便地找到自己的拐杖,同时也提高了夜晚出行的安全性(如图 6-17 所示)。

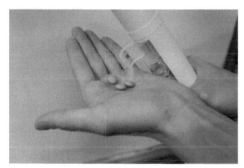
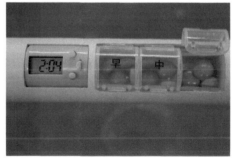

图 6-17 多功能模块化老年人拐杖使用情景

使用新型拐杖,可以减少老年人出门的压力,鼓励老年人多外出活动。同时家里人又能够放心地让老年人出行。新型拐杖的设计符合老年人的需求,为老年人解决了生活中遇到的实际问题,具有积极的实用意义。

6.4.3 案例五:手持自动扶梯(Helping Handy Escalator)

老年人居住的环境多是 20 世纪六七十年代的老旧社区,大部分是六层及以下的楼层,按照国家对电梯安装的标准,这些楼房当时都没有安装电梯,加上楼房老旧,楼梯条件很差,主要表现就是台阶太高、阶面宽度不够、摩擦力太小、楼道光线不足、楼道太窄、楼梯扶手老旧等。上下这样的楼梯对于年轻人来说都是一件头疼的事情,更何况是老年人。上下楼梯时要求下肢承受很大的压力,同时上下楼梯是一个重复的动作,对膝、踝等关节部位有一定的损害。而中老年人均存在不同程度的骨质疏松,有些人还伴有身体肥胖、心肺疾病等问题,导致下肢肌肉的力量及协调性均会有不同程度的减弱,一旦摔倒、滚落或发生扭伤,后果将不堪设想。因此居民楼的楼梯成为限制老年人外出的一大因素(如图6-18所示)。

图6-18 老年人上下楼梯很困难

如今老年人社区的改建和完善被许多小区提上日程,楼梯问题就是其中一项。把楼梯改成电梯这个方法当然是不错的选择,但是电梯改建工程较大、造价高。同时,爬楼梯作为简单、易行的健身锻炼方式也深受中老年人的喜爱。那么,如何才能解决老年人安全方便地上下楼梯的问题?设计师 Kim Mi Yeon, Kang Seong-a, Kim Beom Jun & Kim Jun Sang 设计了一款手持自动扶梯,为那些上下楼梯困难的老年人提供了一个机械的"援助之手"。它的作用是显而易见的!

这款辅助手持自动扶梯是通过一个夹紧装置的滑动来帮助老年人上下楼梯的。扶手的磁铁紧紧卡在栏杆的轨道上,所以可以随着楼梯上下稳步推动,当松开时扶手可以保持在停留的位置,方便下次使用。同时扶手采用了明亮舒服的绿色和适合把握的形状,使老年人的出行变得方便、愉悦(如图6-19所示)。

不过该产品也存在一些小问题,比如老旧社区楼道里的照明设施并不完善、比较陈旧、光线较暗。这款扶手如果在夜晚使用时,存在看不清楚、找起来困难的问题,因此可以考虑增加夜光功能,这样既可以让老年人容易找到,又可以辅助照明。

另外有一款类似的设计,由 Kim Bo-kyung 与 Baek Eun-ha 设计的小鸟楼梯扶手,

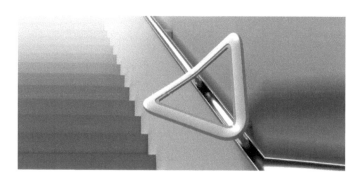

图6-19 手持自动扶梯

它的出发点不只是解决老年人上下楼梯的问题,同时期望唤起更多人对老年人的关爱。小鸟楼梯扶手上面绘有一个活泼的笑脸,采用黄色引起人的注意,外形轮廓设计抓握舒适符合人体工学。平时可以把它放置在楼梯的两端,老人需要上下楼梯的时候就可以手握住它移动,借助小鸟的力量使得上下楼梯更安全(如图6-20所示)。

图6-20 小鸟楼梯扶手

不同的问题有不同的观察角度和解决办法,针老小区普遍没有电梯、安装电梯又缺乏经费、老年人上下楼梯困难的情况,杭州市下城区天水街道在全国社区内首创试点,想出了这样一个解决办法:安装"楼道老人休息椅",为老人上下楼提供便利。

自2011年4月以来,天水街道已经在5个社区安装近700张"楼道老人休息椅",并计划在10月底之前完成下辖7个社区1 058张"楼道老人休息椅"的全覆盖安装。"楼道老人休息椅"由座椅、靠背、扶手三部分组成,用料考究,整套费用为860元。另外,相关负责人还探索创新,推出了"楼道休息椅慈善认领"项目,引导社会力量参与到为老服务中(如图6-21和图6-22所示)。

图6-21 楼道老人休息椅

图6-22 老人坐在休息椅上准备歇口气再上楼回家

6.4.4 案例五：滑动轮椅（Sliding Wheelchair）

2013年3月10—11日，在上海由复旦大学和美国杜克大学共同主办的"全球健康与护理"复旦—杜克护理高峰论坛指出，随着我国老年人口的急剧增长，2010年全国范围内生活不能自理或半自理老人达1 533万人，预计到2020年将达2 185万人，2050年将达3 850万人。这些不能自理或者半自理的老年人需要更多的照顾，他们所带来的老年人护理问题变成了社会、家人和护理工作者关注的一个长期课题。一个失能老人压垮一个家庭的现象，在中国并不鲜见。

在2012年的"两会"上，全国政协委员、农工党宁夏区委会主委戴秀英告诉记者："我切身体会到了失能老人的照料压力。我母亲因病失能后，由于找不到合适的护理人员，一年换了7个保姆，最终才确定下现在的两个人。失能老人照料不仅仅是送饭、端尿，还得让他们感觉活得有尊严。"

由于养老政策不够完善，养老机构不够多，养老从业人员缺乏，目前在中国失能老人多依靠家庭护理，他们大多数需要长期坐在轮椅上，条件好的家庭请照顾人员帮忙照顾，条件不好的家庭里失能老人白天则只能自己一个人待在家里。但是不论哪种情况，老年人在床和轮椅之间的移动都是一个困难而艰巨的事情，往往需要两个成年人一起，才能够把老年人移动到轮椅上（如图6-23所示）。

针对这个问题，设计师Lee Seo Young为我们带来了一款贴心

图6-23 把老年人从轮椅上搬到床上非常困难

的设计——滑动轮椅（Sliding Wheelchair），目的就是解决床和轮椅之间这"一公尺[①]"距离的移动问题（如图6-24所示）。滑动轮椅座面设计成可以向前滑出，这时把扶手挡板放平，搭在床沿上，就可以消除轮椅和床之间的距离，此时用户只需向侧边移动即可坐到床上。使得"站起来—移动—上床"这个动作大为简化。能力

---

① 1公尺=1米。

稍强的老年人甚至可以自己完成这个动作而不需要麻烦别人照顾了。同时这一改进也大大降低了传统移动方式中潜藏的危险，具有独立、安全、舒适的特点。

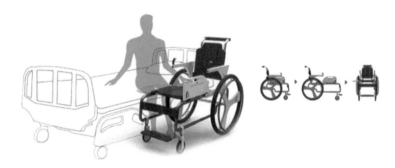

图 6-24　滑动轮椅

下面这款由设计师 Cha Inseon 设计的轮椅与上款原理类似，都是通过调节轮椅的座面，来方便使用者在轮椅和床之间移动（如图 6-25 所示）。这款轮椅运用多功能设计的原则，具有可调节高度的滑动式座椅，当看护人员向下推动背面的手柄时，座椅就被抬起来，直到与床面的高度一致，同时侧面有一个支持杆可以锁定轮子以保证安全。接下来轮椅座面向侧边滑动到床上，用户就可以轻松地从轮椅移动到床上了。这一改进被看护人员证明是非常有用的，可以减少他们相当大的工作量。对于被照顾者来说，不用麻烦别人抱来抱去也是非常高兴的。

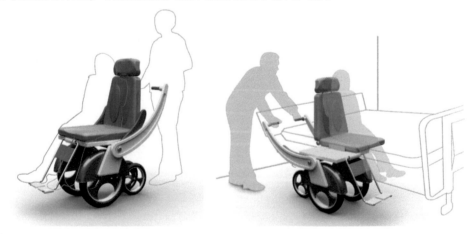

图 6-25　可调节高度和侧滑的轮椅

当然，几款轮椅的设计并不能够从根本上解决不能自理老人在生活中遇到的所有问题。因为失能老年人的护理问题是一个庞大的非孤立的问题，它需要社会各界的努力：需要医疗卫生事业的全面推进、需要从业者的认真负责、需要社会经济的协调发展、需要家人亲友的关心照顾、需要国家政策的完善制定……

6.5 结语

我国已经进入老龄化社会，老年人口的增多以及老年人交通事故的频发，引起了社会的广泛关注。老年人是交通的主要参与者，但是却处于交通出行的弱者地位，老年人随着年事增高，出现不同程度的生理和心理的变化，在出行方面会遇到诸多问题，如未设扶手的台阶、人行道路的不连续、人行指示灯信号变化时间短等，这些情况对中青年人来说是不曾理会的，可是却给老年人出行带来了极大的困难和不便。因此在经济快速发展、社会快速进步的今天，为老年人营造安全无障碍的出行环境，使他们能够走出家门畅通无阻，我们责无旁贷。

6.6 参考文献

［1］张政．老年人出行行为特征及其分析方法研究［D］．北京：北京交通大学，2009．

［2］王虎．剖解老龄化时代出行问题［J］．上海经济，2009（6）．

［3］张政，冯旭杰，郭彦东．老年人日常出行的出发时刻选择研究［J］．交通运输系统工程与信息，2011（6）．

［4］汪宜纯，陈川．基于老龄化社会发展的道路交通设计问题探讨［J］．道路交通与安全，2010，10（4）．

［5］徐熹．浅谈老年人旅游市场的开发［J］．扬州教育学院学报，2010，28（1）．

［6］文艳群，董继先．无障碍设计原理在老年人鞋靴设计中的应用［J］．西部皮革，2009（22）．

［7］陈言．一种多功能智能拐杖的设计［J］．艺术与设计（理论），2010（2）．

［8］方仁杰，朱维兵．基于 GPS 定位与超声波导盲拐杖的设计［J］．计算机测量与控制，2011（5）．

[9] 宫浩钦,黄盛斌. 基于残疾人情感诉求的轮椅设计新思路 [J]. 包装工程,2010 (24).

[10] 李霞,倪向东. 基于人机工程学多功能轮椅的分析设计 [J]. 现代机械,2009 (3).

6.7 延伸阅读

1. 服务设计

服务设计是有效地计划和组织一项服务中所涉及的人、基础设施、通信交流以及物料等相关因素,从而提高用户体验和服务质量的设计活动。服务设计以为客户设计策划一系列易用、满意、信赖、有效的服务为目标广泛地运用于各项服务业。服务设计既可以是有形的,也可以是无形的:所有涉及的人和物都为落实一项成功的服务传递着关键的作用。服务设计将人与其他诸如沟通、环境、行为、物料等相互融合,并将以人为本的理念贯穿于始终。

简单来说,服务设计是一种设计思维方式,为人与人一起创造与改善服务体验,这些体验随着时间的推移发生在不同接触点上。它强调合作以使得共同创造成为可能,让服务变得更加有用、可用、高效和被需要,是全新的、整体性强、多学科交融的综合领域。

2. "全球健康与护理"复旦—杜克护理高峰论坛

2013年3月的"全球健康与护理"复旦—杜克护理高峰论坛是由复旦大学护理学院与美国杜克大学护理学院合作主办,由复旦大学护理学院承办的。本次论坛以"全球健康与护理"为中心议题,围绕以循证为本的护理实践、以提升领导力为本的护理管理、以政策为本的长期照护体系建立三个分议题,邀请知名的专家进行主题演讲,提供平台,让有兴趣的专家们对三个分议题下的教学、科研和临床实践进行充分的学术讨论,形成专家意见,影响和促进护理学科在相关领域的发展和进步。

3. 长期护理

根据美国HIAA的定义,长期护理是指"在一个较长的时期内,持续地为患有慢性疾病(Chronic Illness),譬如老年性痴呆等认知障碍(Cognitive Impairment)或处于伤残状态下,即功能性损伤(Functional Impairment)的人提供的护理。这种护理包括:医疗服务、社会服务、居家服务、运送服务或其他支持性的服务"。长期护理通常周期较长，一般可长达半年、数年甚至十几年，其重点在于尽最大可能长久地维持和增进患者的身体机能，提高其生存质量，并不是以完全康复为目标，更多的情况是使病人的情况稍有好转，或仅仅维持现状。

4. 模块化产品设计

模块化产品设计的目的是以少变应多变，以尽可能少的投入生产尽可能多的产品，以最为经济的方法满足各种要求。由于模块具有不同的组合可以配置生成多样化的满足用户需求的产品的特点，同时模块又具有标准的几何连接接口和一致的输入输出接口，如果模块的划分和接口定义符合企业批量化生产中采购、物流、生产和服务的实际情况，这就意味着按照模块化模式配置出来的产品是符合批量化生产的实际情况的，从而使定制化生产和批量化生产这对矛盾得到解决。

第7章 老龄产品设计之"医"

7.1 问题

"母亲今年 80 岁了,没有去过故宫,一直想去。"彭树茂告诉记者,今年春节正好有时间,就带着母亲和家人四世同堂一起到北京游玩。全家 11 日上午来到故宫,虽然天气寒冷,但初次进故宫的母亲这里看看,那里摸摸非常兴奋。"上午 11 点多,走到昭德门附近时,母亲突然心脏病发作,晕倒在休闲椅子上。"由于没有随身携带药物,去车里取又怕耽误太多时间,彭先生很是着急。这时他身边的一位老人询问他是不是需要速效救心丸,在得到肯定的回答后,送上装着药的小瓶。"如果没有这位好心人给的速效救心丸,我母亲可能就醒不过来了。"今日,晋州市的彭树茂拨打了河北新闻网热线电话,感激地说。

(2013 年 2 月 20 日　来源:河北新闻网　记者:张娜)

随着经济社会的发展、医学技术的进步以及生活方式的变化,人类平均寿命延长,老年死亡率大幅下降,老龄化及伴随而来的老龄健康成为当今世界突出的社会问题。而人到老年最关心的就是身体和健康,老年人对健康的追求不但是老有所医,而且是延长寿命。在健康的基础上长寿,是中国老年人追求的永恒目标。

但随着年龄的增长,老年人由于生理功能普遍降低,对疾病的易感性增加,身体各器官系统功能退化,体质变弱,导致各种慢性病患病率增高。2012 年 5 月,卫生部等 15 个部门印发的《中国慢性病防治工作规划(2012—2015 年)》中指出,影响我国人民群众身体健康的常见慢性病主要有心脑血管疾病、糖尿病、恶性肿瘤、慢性呼吸系统疾病等。慢性病发生和流行与社会经济、生态环境、文化习俗和生活方式等因素密切相关。伴随工业化、城镇化、老龄化进程加快，我国慢性病发病人数快速上升，现有确诊患者2.6亿人，已经成为重大的公共卫生问题。慢性病病程长、流行广、费用贵、致残致死率高，导致的死亡已经占到我国总死亡的85%，导致的疾病负担已占总疾病负担的70%，是群众因病致贫返贫的重要原因，若不及时有效控制，将带来严重的社会经济问题。报告还指出，建立健全老年医疗健康体系至关重要。在产业层面上，要大力发展老年服务产业，要针对老年人自身需要提供服务性产品，从而引发整个产业结构的调整与变迁。

老龄化社会的到来，势必对我国传统的养老观念和养老模式产生深远影响。随着社会、经济的全面发展，老年人口的数量在继续增长，他们对医疗保健等产品的物质需求和生活娱乐等方面的精神需求也将日益增长。这一趋势必将导致社会基础养老设施以及医疗保健等产品的"有效需求"远大于"有效供给"。设计师的责任要求我们必须尽力使老年产品的生产满足当前市场上的"有效需求"。当前国内市场上专门为老年人量身定做的产品还不是太多，即使摆在货架上的一些老年人产品也比较单一，缺乏精心的设计，老年人产品设计的市场空缺还很大。对老年人家用医疗产品设计的探索，将有助于我国家用医疗产品的设计开发和投入市场竞争，具有巨大的经济与社会效益。在理论上，通过对家用医疗产品中人性化因素的研究，进一步丰富人性化设计理论。

本章会列举几个医疗产品和服务的开发案例，希望能给大家一些帮助。

7.2 案例一：身体是一个API——与健康和健身有关的几款小工具

随着科技的进步、物联网的发展，"自我量化"逐渐变成一种非常受欢迎的生活方式，即通过一些专门的设备对个人情况进行数据跟踪：消耗的热量、摄入的能量、睡眠质量、锻炼的时间强度等。现在的老年人更加关注自身的健康，老年人身体随着年龄的增大开始发生变化，各种生理指标也开始出现波动，往往上个时间段各种生理指标还是好好的，下个时间段就突然出现变化。而这些潜在的不易被发现的变化往往与老年人疾病有很大关系，尤其是一些突发疾病。老年人的健康就像蓄满水的大坝一样，需要时刻监测不容忽视，因此检测和预防老年人突发疾病可以从这些生理指标入手。

现如今借助发达的科技手段，市面上出现了很多数据跟踪小工具，它们就像一个私人教练或者私人医生，帮助老年人很方便地了解自身的健康状况，而不需要花费太多时间和精力去医院。这些工具的特点就是可以每天及时提醒并反馈给用户信息，使老年人可以坚持自己的目标、纠正不良的行为习惯、改善饮食起居等，从而找到一个最佳的、最健康的、最积极的生活方式。当然，我们也应清楚认识到，这些工具只是健康监测和预防的辅助工具，并不能够完全取代医生或医院。

7.2.1　The Basis B1 Band

2012 年春天推出的 The Basis B1 Band 是一款手腕式佩戴装置，它包括 5 个内置传感器，其中最有趣的是光学心率监测器（如图 7-1 所示）。该设备用光线照射皮肤，检测血液流动情况，从而读取脉搏数据，省去了佩戴一个胸部束带的烦恼。B1 还包括测量皮肤温度和环境温度的温度计；一个加速度计，用于记录运动状况；一个皮肤电反应传感器，用于检测排汗水平。根据以上数据可以计算出消耗的体力，并通过 USB 或蓝牙将数据上传到电脑上，以图形方式进行显示。默认的显示方式是非常简单的，用户也可以选择使数据分析得更精细。同时为了增加产品的吸引力，它还具有游戏和社交功能。

图 7-1　The Basis B1 Band

7.2.2　Body Media LINK Armband

得益于与 24HourFitness，JennyCraig 和 JillianMichaels 的合作关系，使得佩戴 Body

Media 传感器臂章已经成为一种普遍的现象,我们经常可以看到臂章被绑在肱三头肌的位置。这些设备通过一个三向加速度传感器可以每分钟收集超过 5 000 个数据点,测量单位面积上的热流量、皮肤的点偶反应。所有这些都是为了跟踪睡眠质量和热量消耗。为此该公司已与 IBM 进行合作,IBM 已经从它的沃森人工智能研究团队分配出专门的人才来研究新方法,进行数据挖掘。通过 Body Media 的网站或智能手机应用程序输入食物摄入量,就可以得到当前最新的关于控制饮食的反馈。如今现有模型已经能够完成上面所有的功能,同时也为通过蓝牙连接,把数据传到智能手机上的功能铺平了道路,如此用户就可以得到持续不断的反馈(如图 7 - 2 所示)。

图 7 - 2　Body Media LINK Armband

7.2.3　First Person Vision

卡内基·梅隆大学的生命质量中心是一个工程研究中心,它专注于与老年人和残疾人相关的技术,研究中心已经研制出了很多东西,并且这些东西拥有广泛的应用潜力。First Person Vision 是一个眼球追踪系统(如图 7 - 3 所示),可以帮助伤残人士更容易表达自己的意图。例如,告诉机动轮椅车去哪里、告诉机

图 7 - 3　First Person Vision

器人要选择什么东西。

7.2.4 iCoach Suite

iCoach Suite 也是出自卡内基·梅隆大学的生活质量中心，是一个训练平衡和运动的实验平台（如图 7-4 所示）。实验人员使用智能手机和可穿戴式运动传感器，可以为多种类型的用户创建应用程序。安装在帽子上的 iPhone 可以运行专门为有平衡问题的患者设计的程序，来引导他们进行治疗训练。程序将自动检测出患者能否在治疗过程中完成训练，或者将数据发送给医疗服务者进行分析。同时研究者正在开发类似的系统，以便用于 ACL 手术康复及类似情况。

图 7-4　iCoach Suite

7.2.5 MotoACTV

摩托罗拉的 MotoACTV 首次亮相于 2012 年 11 月，是一个基于 Android 系统的锻炼和音乐播放设备（如图 7-5 所示）。触摸屏设备使用 GPS 跟踪跑步或骑自行车锻炼的距离和速度，还包括胸带式心率表、脚踏圈速传感器、车把装置、蓝牙耳机等其他配件。除了能够从 iTunes 和 Windows 媒体导入音乐，它还能根据用户的歌曲表现生成一个最佳智能播放列表，以帮助用户达到最好的锻炼效果。MotoACTV 可以连接到使用 Android 系统的智能手机上，用户便可以通过该设备处理呼叫和进行文本编辑。内置 WiFi 可以把使用数据上传到摩托罗拉云计算门户网站上，以便对你的数据进行跟踪和分析。

图 7-5　MotoΛCTV

7.2.6　蓝牙牙刷

美国 beam 公司推出一款牙刷 Beam Toothbrush，通过它用户能了解自己的口腔卫生状况（如图 7-6 和图 7-7 所示）。它看上去跟普通电动牙刷没有区别，但它具有感应器和蓝牙无线电功能，当牙刷被放进嘴里接触到生物电流时，就自动开始收集资料和数据，并将这些信息发送到智能手机的应用程序上。如此用户可以了解到他们多长时间刷一次牙、刷多久，他们甚至可以设定一个"刷牙目标"并与他们的牙医分享这些数据。

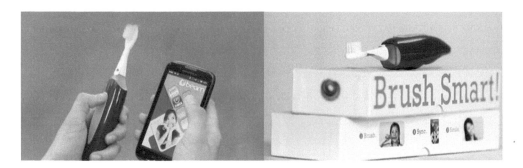

图 7-6　蓝牙牙刷

图 7-7 蓝牙牙刷界面

7.3 案例二：智能电子药盒

人到老年吃药变成一个生活中必不可少的部分，尤其是一些患有慢性病的老年人几乎每天都要按时吃几次药。老年人可能会患有几种不同的疾病，为了应对这些疾病他们又需要在不同时间用不同的方式吃不同的药。面对五花八门的药和要求，吃药这件常人看来很简单的事情，对于老年人来说无疑变成了一个庞大复杂的任务。老年人本身记忆力就在减退，要记住这些很困难，同时如何整理这么多药物也让老年人头疼。药物是很多老年人健康甚至生命的保证，如何才能帮助老年人吃好药吃对药便成了一个极具社会意义的事情。

智能电子药盒项目是由北京工业设计促进中心发起，北京博蓝士科技有限公司承担，中芬基于 Living Lab 的智慧网络平台设计与示范应用项目组、北京道顺国际糖尿病康复中心协助的项目，目的就是解决老年人长期服药过程中遇到的问题。

本产品初步构想是针对长期服药的老年人使用，在一个软件平台的基础上，产品内部具有通信模块，可以远程监控系统化管理，提醒病人吃药时间，及时传输病情的恢复状况等，达到信息传输的便捷、准确、及时。同时，把最基础的储药、取药、提醒等方式设计得更加人性化。

为了设计出更好的产品，避免在设计过程中走弯路，项目前期包括市场调研、问卷调查和访谈调研。市场调研主要是分析现有产品的优劣；问卷调查可以快速方便获得大量用户的想法；访谈调研是针对目标用户群及相关环节人群的面对面座谈式调研，要求提问者，即参与设计人员对产品功能、技术实现、使用流程等有一定了解，能否提出有针对性的问题，关系到最终产品设计的优劣。在前期调研资料数据的基础上，项目提出设计方案，并进行优化，最终确定。

7.3.1 市场调研

通过在各大网络卖场、医疗器械生产企业网站上搜集材料，并对药店、商场、电子产品供应商进行调研，关注智能药盒相似产品，包括概念产品，在价格、风格、尺寸等方面进行归类划分，结果如下（如图7-8~图7-10所示）：

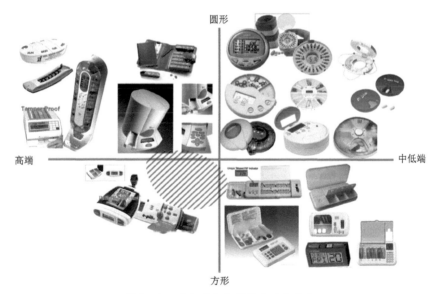

图7-8　对市面上各种药盒进行分析

7.3.2 问卷调查

在对"智能电子药盒"有了初步的认识后，着手拟订了一份调查问卷。问卷内

图7-9 对药盒的喜好进行分析

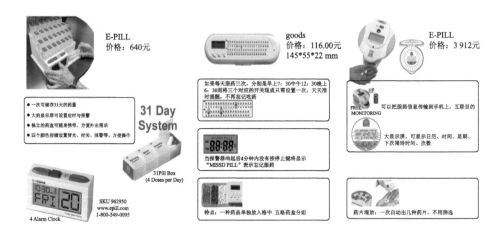

图7-10 对3款药盒深入分析

容包括:调研对象的基础信息、服药与药盒的使用情况、定位药盒的概念测试及功能使用率。

在羊坊店街道有研社区、老科协社区等五个老龄化较高的社区,对患慢性病需长期服药的老年人、经常外出（指参与各种社区活动、健身、旅游等）但需长期服药的老年人、独住或子女长期不在家的老年人进行问卷调查。共发放300份问卷，回收240份，有效问卷212份。按基本信息（年龄分布如图7-11所示）、老年人患病情况等进行数据整理。

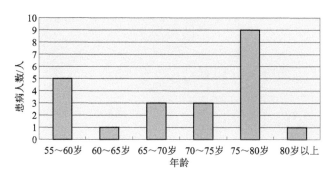

图7-11 年龄分布

从以上数据中可以得到如下结论：

（1）患病情况。大部分老年人患有高血压、糖尿病及心脑血管疾病等慢性病，并且患病的时间都比较长。其中糖尿病患者在调研人群中所占比例最大，年龄普遍在50~60岁，需要长期服药（如图7-12所示）。

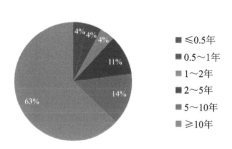

图7-12 慢性病患病时间

（2）治疗情况。67%的多数人群需要定期去医院做检查，有42%的人因为没有时间或其他原因会耽误检查，65%的患者有把每次的检查数据记录的习惯，35%的患者认为记录不方便。数据显示大多数患者需要把检测结果告知自己的主治医生。强调及时反馈病情对治疗很重要（如图7-13所示）。

（3）服药情况（如图7-14所示）。其中87%的人每天服药次数为2~3次，55%的人服药的种类在2~5种；42%的人希望药盒的格数在6~12格，45%的人希望药盒的格数在2~6格，63%的人以随身携带常用药，61%的人以携带慢性药为主。老年人重复服药的概率比较少，但是偶尔忘记服药和记错服药时间的人还是很多。对定时提醒吃药、记录服药情况等功能，认为最重要。

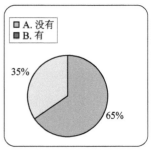

图 7-13　关注身体健康状况

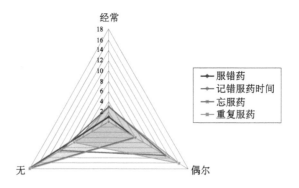

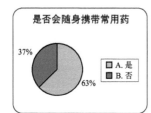
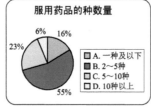
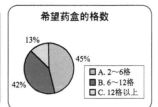

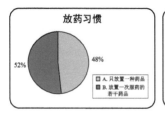
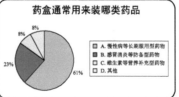

图 7-14　服药情况

（4）居住情况（如图7-15~图7-16所示）。退休后老年人基本是老两口一起居住，如果丧偶或单身多半会与子女一起居住，但子女上班，老年人独处的时间多在1~5小时，会有孤单感。

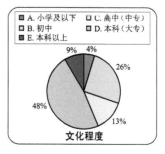

图7-15 性别比例、居住情况、文化程度

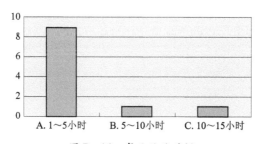

图7-16 每天独处时间

7.3.3 访谈调研

对北京糖尿病医院、北航社区医院、清华大学老年学研究中心的医生和患者进行了面对面的访谈。直接探讨最关注的问题，包括采用图文并茂的方式做初步使用喜好测试等。把现在市面上已有的类似产品购买回来进行模拟性测试，还采用"假定设想"法等手段来挖掘用户的潜在需求，力求在设计中借鉴优点避免缺点。

1. 糖尿病专科医生访谈总结

医生对服药次数的划分为：2~3次（早、晚、睡前），轻度患者只需早晨服用一次药；4~8次（早餐前、早餐后、午餐前、午餐后、晚餐前、晚餐后，睡前）；10次及以上（早餐前、早餐中、早餐后、午餐前、午餐中、午餐后、晚餐前、晚餐中、晚餐后，睡前）。

患者所服药的形状多以圆形药片为主，也有椭圆或长条状（最大规格可达2~3

cm 长),医生给患者开药为半个月一次,一次最多开一个月的药量。

由于慢性疾病有年轻化趋势,40~60 岁的发病人群最多,这类人群忙于工作,经常外出,药盒要便携。并且认为设定的提醒功能要明确,储药方式要合理。

2. 药厂访谈总结

药品一定要在阴凉避光下保存,且密封性要好。如果存储不当药品就会吸收空气中的水分,致使含水量增加,导致药效减低甚至失效。现在市面上普遍采用锡箔和药瓶储药,包括玻璃瓶和塑料瓶,玻璃瓶普遍为黑色,塑料瓶为不透光白色。温湿度要控制好,储药保证药品质量,是设计中要遵循的首要前提。

3. 患者访谈总结

患者对药盒的具体需求有以下这些:提醒服药功能最重要,经常错过了服药时间会导致很严重的后果;便于携带和提醒携带,防止外出忘记;分清每种药的名字和功效;密封性要好,药片不掉落;产品设计简单、充满关怀,同时体现个性化。

7.3.4　初步设计方案 (如图 7-17~图 7-21 所示)

1. 用户定位

主要针对 40~65 岁患有慢性病的中老年人。

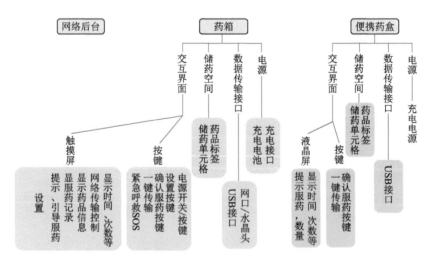

图 7-17　智能药盒产品架构

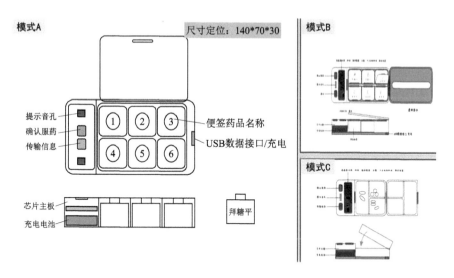

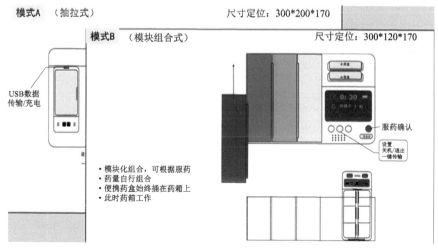

图 7-18 智能药盒功能及模式方案

2. 形态定位

本产品由药箱和便携式药盒组成。

3. 功能定位

放置家中,设置数据、联网及储药功能,方便携带,有提醒功能。

主要部分由主控系统模块 PAD 和药盒体(多个)组成。主控模块为移动 PAD,具有用药设置和数据传输等功能,进行系统化交流和数据交换。

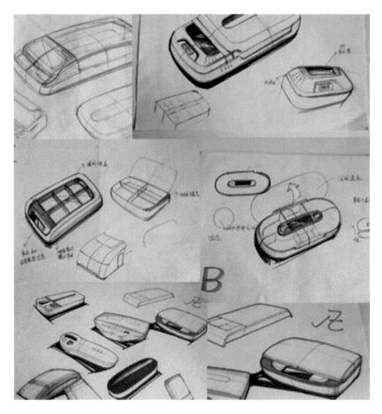

图 7-19 智能药盒草图

图 7-20 智能药盒概念方案 1

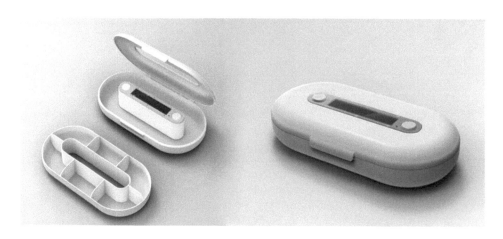

图 7-21 智能药盒概念方案 2

药箱有声音和警示灯闪烁提醒、存储服药记录、传输服药记录、查看剩余药量等功能。

内部具有 6 个小格放置不同药品。

一个显示屏，提示服药数量、种类、显示具体时间和日期。

两个按键，一键传输按键和确认服药按键。

用指示灯来提示药盒的工作状态。

用喇叭声音的方式提醒用户服药数量和时间。

一个备用数据传输接口，与药箱的 PAD 数据传输。

锂电池、备用接口（数据接口可充电）。

4. 效果展示

针对概念定位，与道顺国际（技术支持方）和样本用户进行探讨和验证，结果通过意向图、草图、模型等方式呈现。

通过以上设计分析可以看出，其中既存在优点又存在缺点。

优点：定位药盒大小：175 mm × 90 mm × 30 mm 比较方便携带；模式 C 开盖方式较好，不占空间，但对工艺上的密封性要求比较高；模式 A 的提醒灯设置很直观；

缺点：取药不方便，要独立取出，按键不明确没有区分；通过按下"确认服药"按键确认已经吃药，且每次吃完每种药都要进行确定，比较麻烦。

7.3.5 最终设计

1. 用户定位

主要针对 40~60 岁患有慢性病的即将步入中老年人的群体,其以糖尿病患者为主。

2. 形态定位

本产品由药箱和药盒组成。药盒:满足功能为其一,并不强调便携,提醒携带即可。

3. 功能定位

提醒:用声音的方式提醒用户服药数量和时间。

显示:一个 3.5 寸[①]屏幕,用于药品信息查询、用药记录查询、用药信息更新、时间设置和网络设置。

储药空间:内部具有 6 个小格放置不同药品,每个储药格都可独立取出。

取消键:用于从当前界面返回到上一层界面。

左\右选择键:由于按键的有限,在界面的选择上设计成循环显示方式。按下左\右选择键可依次循环访问不同的功能界面。

确认键:① 在某一界面时按下该键可进入下一级界面。② 在有用药时间报警时,按下该键即认为患者已经服用药物,撤销报警提示。

报警指示灯:在用药时间到时,药盒将通过蜂鸣器的蜂鸣和该指示灯的间断性闪烁进行声光报警。

工作指示灯:在正常工作期间,该灯一直会以 1 秒的间隔进行闪烁。

电源指示灯:在系统充上电以后,该灯就一直亮着,直到充电结束。

数据传输接口:与药箱的 PAD 数据传输。

电源:锂电池、备用接口(数据接口可充电)。

4. 效果图(如图 7-22 所示)

此款智能电子药盒在设计流程和方法上非常值得借鉴。产品的研发可能受用户需求、市场需求或技术因素来驱动。越是在产品的早期设计阶段,越能充分地了解目标用户群的需求,再结合市场需求,就能最大限度地降低产品的后期维护甚至回

---

① 1 寸 = 0.033 米。

炉返工的风险。基于用户需求的设计，往往能对设计很有帮助，好的体验应该来自用户需求，同时超越用户需求，"未来产品"的发展趋势也恰恰需要这样。

图 7-22 最终效果图

7.4 其他案例

7.4.1 案例三：带放大镜药瓶（Medicine Bottle with Magnifier）

对于许多"第三龄"人群——中老年人来说，用于保健或者治疗的药物已经成为他们生活中不可分割的一部分，但这类人群往往伴随着视力与记忆力下降等状况，导致他们在区别药物的类别，查看、记忆服用频率与服用适宜量等问题上存在一定的困难。同时药瓶上的说明文字一般都很小，这也给老年人带来了阅读障碍（如图 7-23 所示）。

带有放大镜的醒目药瓶就是设计师宋迪颖为解决这一问题而想到的点子，常见的塑料药瓶盖的顶部，变身为一块具有放大功能的凹凸镜玻璃。有了这个药瓶盖，老年人不需要戴上老花镜，就可以直接通过这个放大镜查看药品的种类、服用频率与剂量。该设计从中老年人的角度出发，设计很简单，未增加多余的结构，非常实用方便。按照测算，不会给药瓶本身带来额外的成本，容易在市场上推广（如图 7-24 所示）。

2011 年 IF 设计奖的参赛作品之一是放大镜透明胶条（Zoom-In Tape），它也是为了解决老年人看不清药瓶上说明书的问题而设计的。设计师 Ching-fang Hsu 设计的放

图7-23 各种各样的药和药瓶

图7-24 2011年红点奖概念类获奖作品——Medicine Bottle with Magnifier
设计师：宋迪颖

大镜透明胶条有点像透明胶,但它不是薄而平整的,而是有一定厚度和弧度,从而能够放大一定倍率,方便查看说明。使用的时候,只需要撕一节贴在药瓶上需要注意的文字上,如每天的用量。这样老年人就不需要放大镜或者老花眼镜,也能够轻松辨认了(如图7-25所示)。

图7-25 胶条放大镜 Zoom-In Tape

7.4.2 案例四:Cimzia 注射器(Cimzia Prefilled Syringe)

Cimzia 注射器由普立万与 OXO 联合开发,注射器及其配件经专业设计,专门用于与 UCB 公司的 Cimzia 赛妥珠单抗结合使用,主要由普立万 GLS Versaflex OM 1060X-9 TPE 热塑性弹性体制成,这种材料可以使产品成本低廉、体积小、重量轻,适合批量生产,帮助医用厂家缩短应用开发时间,同时降低流体给送系统检测成本,加速产品投放市场(如图7-26~图7-27所示)。

Cimzia 注射器是专门为类风湿关节炎患者设计的预装式自注射器,特别考虑了患者自助施药时面临的敏捷性问题,在为用户提供合理的抓握方式和力度上具有很大优势,可帮助克罗恩病患者采用赛妥珠单抗自行进行皮下注射。Cimzia 注射器的意义在于它可以增强患者自我挑战和与病魔斗争的能力,也可以通过自注射过程促进他们更加独立地生活。

Cimzia 注射器在结构和材料上的优点:防滑式手指握杆和重叠压塑式拇指垫均用 TPE 材料模塑而成,手感柔软,弹性良好,使注射器便于使用;由于配有防滑式手指握杆,注射器便于稳固抓握,即使手部患有严重关节炎的患者亦能方便操作;拇指垫形成柔软稳定的杠杆,便于患者轻松自如地推动柱塞;注射把选用不透明黑色重叠压塑级材料作为首选材料,具有柔软的橡胶手感,表面外观优美,能与各类

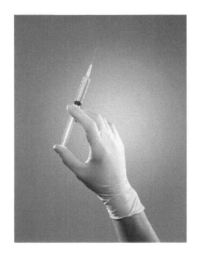

图 7-26 传统注射器

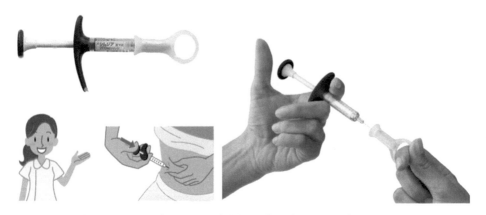

图 7-27 2010 年 IDEA 医疗类银奖获奖作品——注射器 Cimzia

设计方：普立万与 OXO 联合开发

塑料基材有效黏合。

7.4.3 案例五：SoundsGood 助听器

在老年人产品设计中科技与时尚该如何结合？是不是我们只要考虑科技、考虑功能就可以了？是不是老年人可以不时尚（传统的助听器如图 7-28 所示）？SoundsGood 助听器给了我们答案（如图 7-29 所示）。

第7章 老龄产品设计之"医"

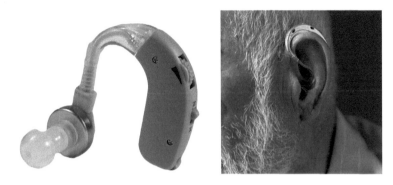

图7-28 传统的助听器

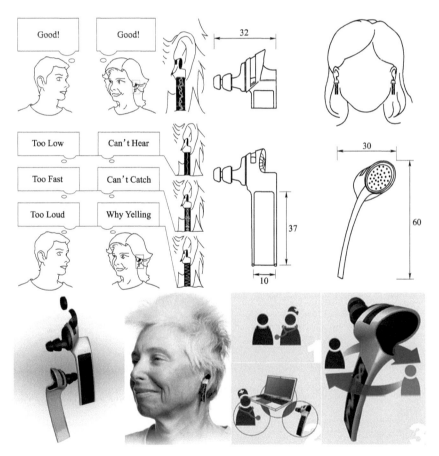

图7-29 2011红点设计Third age概念获奖作品——助听器SoundsGood
设计师：Tang Peiqi

SoundsGood 形状像一个耳环，但它不只是装饰品更是可以收集和放大声波的助听器。使用时，医生或技术人员需要输入特定用户的数据和信息，声波模式将根据这些数据生成，使用过程中用户可以与医生或技术人员接触，定期调整设备来适合自己听觉的情况。

它还可以通过扬声器读取声波并转化成图形信号展示出来，不同的波形状和颜色传达不同信息。因此，发言者可以得到反馈，并相应地改变和他/她的说话速度或通话量：温柔的绿色波型意味着声音理想、强烈的红色波型表示音量过高、微弱的蓝色波型表示音量过低、尖锐和交错黄色波型表示说话太快。而且，不同颜色和图案的波也作为"耳环"漂亮的装饰。同时，SoundsGood 是非常人性化的，它的佩戴位置特别接近眼睛，因此交谈的双方不会损失眼神接触，使得沟通进行起来更顺畅，使用户具有尊严感。可以说设计师赋予了 SoundsGood 美妙、优雅与智慧。

7.5 结语

2012 年 3 月 26 日—4 月 1 日，国际著名跨国公司 GE（通用电气）旗下的 GE 基层医疗创新周在 GE 中国创新中心（成都）隆重举行。在最新落成的 GE 中国创新中心（成都）投入试运营之际，GE 医疗面向基层医疗卫生机构、相关政府部门、行业协会和专家，举办了以基层医疗创新为主题的系列活动，涵盖基层医疗高峰论坛、产品和技术研讨会、基层医师培训、医疗产品互动体验等，旨在通过 GE 中国创新中心（成都）这一崭新的平台，促进业界基层医疗方面的经验分享，推动基层医疗单位的沟通和交流，共同助力基层医疗事业的不断发展。

GE 中国创新中心（成都）平台的建立，说明随着我国经济与社会的全面进步，人们对健康的关注越来越多，这直接促进了我国医疗产业的发展，医疗器械产业成为经济发展中最为活跃的项目之一。我国社会老龄化必将促进国内老年人医疗产品的发展。现阶段，我国的医疗产品市场就已经是仅次于美国和日本的全球第三大医疗产品市场。

当前国内市场上专门为老年人量身定做的产品还不是太多，即使摆在货架上的一些老年人产品也比较单一，缺乏精心的设计，老年人产品设计的市场空缺还很大。作为设计师，我们有责任使老年产品的生产满足当前市场上的"有效需求"。我们有责任，也应该在老年人需求与老年产品之间架起一座桥梁。

比如，对老年人家用医疗产品进行情感化设计时，要遵循老年人的情感活动规律，把握老年人情感内容和表现方式。用符合老年人情感需求的产品设计满足老年人的需求，使用户在使用过程中产生喜欢和愉悦的感觉，减轻老年患者的心理痛苦和压力。在外观功能和经济原则等因素的基础上，要尊重用户的情感，强调情感化设计，从而给用户以精神慰藉。

医疗产品走进家庭是当前医疗产业发展的大趋势，医疗器械的使用者从传统的医护人员转变为普通的病人及其家属。传统的医疗产品就不能适应这种使用对象的变化，家用医疗产品要重新设计，在传统产品的基础上进行升级、改造、创新。把过去以医护人员为中心的传统设计理念，改为以患者包括其家庭协助人员为设计核心。家用医疗产品的使用对象是一个特殊群体，它既要保证使用者的安全，又要能起到治疗的效果。因此，在设计时要更加注重人性化因素的应用，使产品摒弃严肃、冷漠的感觉。设计师需要通过设计使产品的形态、色彩、材料等满足老年人生理和心理需求。

7.6 参考文献

[1] 唐林涛．工业设计方法［M］．北京：中国建筑工业出版社，2006.

[2] ［美］CaganJonathan，Vogel Craig M..创造突破性产品——从产品策略到项目定案的创新（第一版）［M］．北京：机械工业出版社，2004.

[3] ［美］Donald A. Norman. 情感化设计［M］．北京：电子工业出版社，2005.

[4] 王发渭，郝爱真，王治宽．试论老年人疾病特点和中医用药原则［J］．中华中医药杂志，2006，21（4）.

[5] 张晓娟．老年人生理和心理特点分析及护理［J］．健康必读（中旬刊），2012（7）.

[6] 卫生部等15部门．《中国慢性病防治工作规划（2012—2015年）》［R］．2012年5月.

[7] 任士明．关于我国老年人家用医疗产品设计的研究［D］．济南：山东轻工业学院，2011.

7.7 延伸阅读

1. 应用程序接口 API

应用程序接口（Application Program Interface，API）与图形用户接口（Graphical User Interface，GUI）或命令接口有着鲜明的差别：API 接口属于一种操作系统或程序接口，而后两者都属于直接用户接口。

应用程序接口是一组定义、程序及协议的集合，通过 API 接口实现计算机软件之间的相互通信。API 的一个主要功能是提供通用功能集。程序员通过调用 API 函数对应用程序进行开发，可以减轻编程任务。API 同时也是一种中间件，为各种不同平台提供数据共享。

根据单个或分布式平台上不同软件应用程序间的数据共享性能，可以将 API 分为四种类型：

远程过程调用（RPC）：通过作用在共享数据缓存器上的过程（或任务）实现程序间的通信。

标准查询语言（SQL）：是标准的访问数据的查询语言，通过数据库实现应用程序间的数据共享。

文件传输：文件传输通过发送格式化文件实现应用程序间数据共享。

信息交付：指松耦合或紧耦合应用程序间的小型格式化信息，通过程序间的直接通信实现数据共享。

2. 北京工业设计促进中心

（http：//www.bidcchina.com/index.asp）

北京工业设计促进中心（Beijing Industrial Design Center）成立于 1995 年，简称 BIDC，直属于北京市科学技术委员会，是政府推动设计创意产业发展的促进机构和具有独立法人资格的事业单位。

BIDC 主要承担设计产业发展研究、组织设计项目和基金申报、提供企业设计咨询指导、发布设计产业动态信息、开展国际设计交流合作，举办设计论坛、展览和培训。

BIDC 同时致力于构筑以设计为核心的 DRC 设计资源协作体系，密切与政府部门、设计机构、大专院校、制造企业、产业园区、国际组织和社会团体的关系,并通过北京 DRC 工业设计创意产业基地,为社会搭建设计创意、信息、材料、模型、检测等专业化共享技术条件平台,为设计师提供创业指导和设施。

3. 道顺国际

道顺国际主要关注糖尿病康复治疗方面的高新技术研发,成功研发出远程糖尿病康复平台,主要将糖尿病的自我检测、运动治疗、药物和饮食治疗与专家指导等有机结合融为一体,引领糖尿病检测与康复治疗,进入网络化、智能化、人性化方向发展。

4. 西思路国际有限公司

西思路国际有限公司于 1991 年成立于英国康贝里,西思路是一个合格的微软独立软件开发商合作伙伴。使用的最新微软技术已经创建了一个健康和社会护理要模块,以提供一个公司、地区甚至全国健康和社会护理系统。它的软件已经获得了很多奖项,包括"2007 年 Frost&Sullivan 欧洲产品创新奖"等。

5. 第三龄

"第三龄"这一名词,最初来自法国,现已成为西方国家在社会及教育政策制度的重要名词。

在国外,人们习惯于将人生划分为四个相继的年龄期:儿童及青少年期、职业及谋生期、退休期、依赖期。"第三年龄"指的就是退休期。它之所以受重视,是因为退休后的"第三年龄"从时间上看大约占据了人生的三分之一。在这一时间段里,一个人若能处于良好的状态,就能有效地减少生活中的不适,提高生活的质量,缩短第四年龄期的依赖期限。同时,处于这一阶段的人,生活压力较低,家庭负担不重,在发展自身的才能和兴趣方面具有较大的可能性和便利条件,对充分实现人生的价值和意义具有重要的作用,是人生的另一个关键期。

6. Thermolast MT 新系列热塑性弹性体

Thermolast MT 新系列热塑性弹性体,比其他塑料拥有特别低的摩擦系数,容许其他物料在塑料表面作滑动而不受阻碍。胰岛素皮下注射器等产品,用 MT 系列生产最为适合,因为以这种热塑性弹性体作密封容器的材料,可减低注射或抽取挤压时的阻力,更准确地量度注射剂量,不会产生黏滑效应。

低摩擦系数这一特点令 MT 系列在近年广为兴起的微创医疗方面亦有很大应用。为避免伤及患者,插入病人身上的微创手术器具一般会由一层以热塑性弹性体制造的保护套包裹。由于 Thermolast MT 系列的低摩擦系数，可以容许手术器具轻易进出保护套，令医护人员更换器具时更轻松。

7. GE 中国创新中心（成都）

GE 中国创新中心（成都）是 GE 在全球范围内所建的第一个创新中心，自 2012 年 3 月起投入试运营。该中心以与客户"协同创新"为主要工作模式，致力于与客户共同打造更贴近市场需求的新技术、新产品、新解决方案，并提供新模式的客户培训和服务。在基层医疗方面，GE 中国创新中心（成都）将基于"健康创想"战略，重点支持 GE 医疗集团配合国家医改政策，贴近基层医疗市场，研发适合基层医疗市场的创新产品、解决方案和优质服务。

中心致力于遵循政府医疗改革"保基本、强基层"的方针原则，从产品研发、渠道、医疗 IT、培训和服务等四个方面，为基层医疗市场提供适宜的产品和解决方案，以满足基层的医疗需求，积极推动基层医疗建设。GE 医疗集团大中华区总裁兼首席执行官段小缨表示："2012 年是医改承前启后、持续深入推进的关键之年。我们期望，通过 GE 基层医疗创新周以及 GE 中国创新中心（成都）这一新的创新平台，加强与基层医疗客户的沟通和合作，贴近基层医疗机构需求，研发并推出适合中国基层医疗市场的创新产品、解决方案和优质服务，助力基层医疗软硬件建设和可持续发展，帮助基层医疗机构降低医疗成本、提高医疗质量，并为更多人增加医疗机会。"

第 8 章　老龄产品设计之"其他"

8.1　问题

"世界上最遥远的距离莫过于我们坐在一起,你却在玩手机。"这是网上流传很广的一句话,当这句话成为现实时,多少会有一些悲凉:近日,青岛市民张先生与弟弟妹妹相约去爷爷家吃晚饭。饭桌上老人多次想和孙子孙女说说话,但面前的孩子们却个个抱着手机玩。老人受到冷落后,说了一句"你们就和手机过吧",一怒之下摔了盘子离席。(2012 年 10 月 15 日　来源:《城市信报》　作者:刘鹏)

交流(杨红摄)

看到上面的新闻,相信大部分年轻人突然意识到,在我们与长辈们的接触中,也或多或少地犯有张先生与弟弟妹妹那样的错误。当我们好不容易回家一次,长辈想和我们聊聊天的时候,我们却把他们挡在了我们的世界之外,我们有各种各样的朋友圈子,每周参加各种活动聚会,有健身房、俱乐部、爱好团体,有数不胜数的聊天工具,刷微博、逛论坛、聊QQ、发微信等,这些可以让我们发泄感情、排解孤独、调节心情。但是老年人心理和生理上的变化,使他们更需要家人的关心、社会的关注,可是这么迫切的变化和需求却没有人问津。现代社会的飞速发展,使生活慢节奏的老年人群体日益边缘化。另一方面老年人由于自身学习和适应能力的不足而出现"事物恐惧症",使得曾经作为社会中坚力量的老年群体如今变成了"弱势群体"(如图8-1所示)。

图8-1 昨天和今天(李治国摄)

如何解决上面张爷爷和孙子女之间的苦恼,这就涉及老人晚年精神生活的问题。如今子女们在忙碌自身的生活、工作、学习时很难顾及父母,而人到晚年拥有大量的空余时间,在物质生活有保障的前提下,娱乐休闲是老年人生活中不可忽略的部分,对娱乐生活的需求日益增强。如果没有其他的事情来缓解这段空白时间带来的百无聊赖的情绪,或者弥补退休给老年人造成的巨大心理落差,老年人会很容易感觉到孤单。如果老年人的这种孤独感得不到很好的排解,后果将不堪设想(如图8-2和图8-3所示)。

据荷兰一项最新研究发现,孤独感与阿尔茨海默病之间存在重要关联。感觉孤独的人日后罹患阿尔茨海默病的危险会增加两倍。这些"孤独者"包括那些拥有很多朋友但仍感觉孤独的人。研究人员指出,孤独感其实是认知能力下降的一大信号,认知能力下降又会影响社交技能的发挥。多项早期研究发现,不爱社交或缺少人际交往会增加患阿尔茨海默病的危险。

图 8-2 孤单的老年人(邵向东摄)　　图 8-3 孤独的老年人(杜立中摄)

最近两年老年人阿尔茨海默病开始走进人们的视线,被越来越多的人重视。由北京协和医院牵头,全国 6 个城市 10 个中心的 109 名医师参加了对 42 890 名老人进行的流行病学调查。结果表明,我国北方地区 65 岁以上居民患病率为 6.9%,其中老年性痴呆为 4.2%,血管性痴呆为 1.9%。我国南方地区 65 岁以上居民患病率为 3.9%,其中老年性痴呆为 2.8%,血管性痴呆为 0.9%。估计我国现有阿尔茨海默病老年患者超过 400 万人,其中老年性痴呆约占 1/3。老年人口的不断增加使老年性阿尔茨海默病患者的人数大幅上升。据预测到 2030 年,全球患阿尔茨海默病的人数将达到 6 000 万人,仅我国就将有 1 200 万人。

阿尔茨海默病与老年人娱乐生活有很大的关系。而目前国内中老年人的娱乐活动较为单一,基本局限于散步、跳舞、晨练等。配合中老年人热爱的活动项目,合理安排闲暇时间,鼓励老年人积极参与休闲活动,可以为他们提供更多的快乐,有助于预防老年人不良情绪的产生,从一定程度上缓解老年人已经产生的抑郁感,继而有效降低中老年人因孤独抑郁导致患病的概率。由此看来,休闲对于老年生活的重要意义可见一斑。如何让老年人精神生活充实多彩，已成为一个重要的社会问题（如图8-4所示）。

岳阳蘑菇亭，很多老年人每天休闲娱乐的地方

重庆沙坪坝区文化馆平均年龄60岁的爷爷舞蹈队

图8-4　老年人的精神生活

8.2　案例一：东京老人街"巢鸭地藏通商店街"

日本的老龄化严重程度是世界公认的，在东京的街头随处都能见到老人的身影，面对如此庞大的老龄人群，老龄化固然会带来许多社会问题，但是从经济发展的角度看就存在许多新的商机，老年人的经济实力和潜在的消费需求是发展"银发经济"的必要条件。经过多年的发展，日本的老龄事业已较为完善，"银发经济"已有相当的规模并成为经济发展的新亮点。在解决老年人"购物难民"的方面，日本的经验和教训对于今天的中国无疑具有很大的借鉴和启示作用。至于如何将这些经验教训与中国实际情况结合还需要我们进行深入细致的研究分析。

在日本的众多老年人产品中，我们可以发现它们具有共同的特点：注重细节和关怀。例如，三得利近年为老年人开发了符合健康标准的威士忌；面向老年人的手机"Mi-Look"拥有GPS卫星定位、老年人活动记录器、紧急感应器等多项智能设备；游戏厅除了为老年人提供毛毯、纸巾，开设游戏讲座外，还推出"怀旧游戏"以满足老年人回忆童年的愿望……

东京建立的专门方便老年人购物的"巢鸭地藏通商店街"就是日本老年人市场的典型代表。在这条街上我们可以看到大部分购物者都是步履蹒跚、头发花白的老人,他们三两一起开心地聊天和购物,就像年轻的时候一样。

让老年人在这里找到想要的产品的同时,也找到流失的岁月和失去的尊严,这是巢鸭地藏通商店街的最主要理念。

对于老年人来说,购买到自己想要的产品本身就是一件很重要的事情。巢鸭地藏通商店街努力打造成老年人的购物圣地,因为在这条街上老年人可以买到平时想买却买不到的产品,衣食住行各方面所需的生活用品几乎都可以找到(如图8-5所示)。

图8-5 巢鸭老人街上购物的老年人

消费环境的改善能够激发老年人的购物欲望,同时也能改善老年人的心情,从洋溢着笑容和活力的老年人脸上仿佛看到他们年轻的时候,他们也曾是少男少女,也喜欢买这买那。因此这不仅是一条购物街,也能使老人们回味流逝的岁月,找回失去的尊严。在这里大家都是平等的,没有老少之分。

但是,除了购物之外,在其他方面对老年人的关怀也是很必需的,这就需要把用户体验这一概念引入到老年人购物中。巢鸭地藏通商店街在这方面做了很多尝试,结果证明效果很好。例如我们发现我们也可以看到街上还有专卖儿童服装和玩具的店铺,这是由于满足老年人自身购物需求的同时,也考虑到了老年人"隔辈亲"的特点。在这里他们也会乐意为孙辈们挑选礼物。

1891年,高岩寺迁至巢鸭,吸引了无数信徒不远千里来朝拜,让地藏通商店街生意兴隆。随着时间的流逝,巢鸭街已经不只是一个购物、祭拜的地方,而且是一个心灵的皈依处。发展至今其背后演变成了一股无形的高龄文化,使得这里充满了源源不断的活力和动力。有些老年人来此处是为了朝拜祈福,有些老年人来这里是为了购买需要的物品,这种祈祷和购物相结合、相促进的发展方式,巧妙地抓住了老年人的心理，同时也能满足他们的多方面需求（如图8-6所示）。

图8-6 巢鸭老人街上朝拜的老年人

巢鸭地藏通商店街的商店种类非常全面,不仅有提供生活所需的水果店、肉店、鲜鱼店、干货店、茶行、药店、面包店、超市、便利商店、服装店、杂货店、玩具店,还包括美容院、家具店、医院、证券行和保险服务等。这些可以满足有不同需求的老年人,使得每个人都能找到自己需要的产品。这里的产品都是专门为老年人设计的,如虽不时髦但是宽大厚实、面料舒服的衣服;宽松舒适、合脚保暖的鞋子;口味轻、菜量适中、便于消化的老人饭菜等。

交通是影响老年人外出购物的一大因素,因为老年人腿脚行动不便,容易感到疲劳,不愿意去较远较陌生的地方,因此便利的交通非常重要。巢鸭地藏通商店街考虑到这一点,因此周围交通建设发达完善。它距离巢鸭车站的步行时间只需要5分钟左右,而且环线铁路山手线和都营三田线都经此处,附近还有几个公共汽车站。加上按照东京市的规定超过70岁的市民即可免费乘坐市营的公共汽车及地铁,这在一定程度上增加了此处老年顾客的数量(如图8-7所示)。

图8-7 巢鸭老人街上的店铺

老年人购物遇到的另一个问题就是携带购买商品回家过程显得有些困难。为此，日本"黑猫"宅急送公司想出了一个解决办法，他们联合超市开发出了一款方便老年人购物的新系统。在超市等商业场所设置电脑终端，上面可以显示超市内所有的商品，老人只需要在上面进行操作，手写输入想要购买的物品并确定后，就可以空手回家了，随后公司将会负责把所购物品送到老年人的家中。

巢鸭地藏通商店街的另一个特色是各个店铺的店员基本也是老年人，老年人看问题的角度不一样，选择商品时考虑的问题也不一样，也许购买商品时年轻人更多的是关心产品的品牌、时尚、个性等问题，但是老年人却更多关注实用性、性价比和产品质量。因此有相同时代背景的老年人进行交流会更有共同语言。同时对于老年人顾客提出的一些问题，同年龄阶段的商家也能够更有体会地说出自己的想法并加以推荐（如图8-8所示）。

图8-8　巢鸭老人街的售货员

老年人或多或少都会患有慢性疾病，尤其是心脏病、高血压、糖尿病等。因此出门在外身体发生意外的事情并不稀奇，尤其是在人多嘈杂的地方，于是在这条老人街特别设有一项服务，称为AED——如果有老人不幸昏倒，送医院前周围店家的人员会实施一些简单有效的抢救措施，如心脏按压、人工呼吸等。因为每个商店的工作人员都要接受专业的"救命培训"，以防万一，因此老年人可以放心地在这里购物逛街。这种情况在中国的商业街是很难看到的。

通过各种硬件的改造和软件的提升，巢鸭地藏通商店街不仅在日本很有名气，世界各地每年都会有很多人专程去那里购物或膜拜，甚至只是去那里感受一下不一样的购物气氛。

老年人作为社会上的一类人群，本身在年龄、身体状况、文化水平等方面就存在很多差异，因此会对购物服务的需求各有不同，这就要求构筑一个多层次的购物服务体系。日本是世界上老龄化最快的国家之一，同时也是老人生活最方便的国家之一。从老人街、老人饭店、老人菜场，到高龄者住宅区、老人城市，老人的各种需要都能在专设的地方得到满足。相比之下，中国老龄事业却不够完善，受许多因素的影响：社会保障体系和法律不健全、财产留给儿女的观念、老年人过分节约、社会对老年人关心不够等均阻碍了"银发经济"的发展。"购物难民"如今已成为我国必须面对并亟待解决的难题。借鉴日本的经验，减少我国"购物难民"的困难，做到老人购物有所依有所去有所买，是全社会共同参与的事情。

同时我们还发现一个问题，那就是老年人购物不再只是局限于去商店，淘宝网与市场研究公司 CTR 发布的《中国消费风向标报告 2012》表明：自 2010 年来，无论是中老年网购消费者人数还是老年用品的成交金额，每年都以超过 200% 的幅度高速增长。节约、古板、落伍……这样的形容词对于新发展起来的老年人网购人群显然已经不够准确。如果电商抓住老年人群体这一网购"新生代"，将会推进中国"银龄产业"的发展。2012 年由全国妇联老龄工作协调办、全国老龄办、全国心系系列活动组委会共同发布新版"24 孝"行动标准。其中教父母上网就是尽孝之一，"年轻人不妨能像小时候父母教自己学走路、学骑车一样，教父母做个网购达人"。

8.3 案例二：老人手机

人口的老龄化和空巢老人家庭的增多，使老年人群的通信需求日益显著。但是由于怕花钱，老年人往往使用儿女淘汰的旧手机，这些手机存在文字小、按键小、功能复杂、界面烦琐的问题，老年人使用起来很困难，正因为此我国 60 岁以上的老年人中经常使用手机的人只有不到 20%（如图 8-9 所示）。

随着电子产品开发成本的降低、老年人生活水平和对于新鲜事物接受能力的提高，专门针对老年人设计的手机开始受到欢迎。以此为契机，嘉兰图的自主品牌 Arcci 推出了两款老年人手机雅器 S718 和雅器 S728，并获得 2009 年德国 IF 设计大奖，开启了老年用手机设计之路，也开启了嘉兰图设计产业化运营之路。

图 8-9　老年人使用手机

当然,我们需要清醒地认识到老年人对手机的需求具有一定的特点。首先,老年人对通信有很强的需求,但是老年人在生理、心理、行为模式、生活方式等方面的改变,使得老年人手机产品在造型、材质、工艺、交互等多方面与现在我们见到的产品会有很大的差异。因此老年人手机需要重新定义,这就需要设计师和企业在设计方法和管理思路等方面做出改变。其次,老年人群体越来越依赖家庭和群体,尤其是高龄老年人,他们对生活用品的使用方便性要求要高于普通人,所以老人手机在设计时要充分考虑到这一点。目前老人通信市场尚处于萌芽期,老人通信设备的定义尚不成熟,还需要各方面进行探索(如图 8-10 所示)。

图 8-10　老年人使用手机的注意事项

例如设计时要考虑通用设计七大原则，使产品被尽可能多的人使用。虽然老人通信产品的目标用户主要是老人，但是能够兼顾一些残障人士将为产品可用性和易用性方面提供保障。

嘉兰图的设计师认为，先进技术的产品并非产品发展的唯一出路，而是消费者被科技盲目引导的产物，并非他们的本质诉求——适合的才是最好的，手机亟需进行一次深刻的变革，需要返璞归真。科技发展之先进，步伐之快让人惊叹，尤其是通信产品的发展，从大哥大到手机、从黑白屏到彩屏、从按键到触屏、从 2G 到 3G……面对这些有人欣喜，有人却毫无兴趣，老年人就是这样一个群体，他们中的大部分人更喜欢简单易用的东西，认为手机只要具有基本的功能，如打电话、发短信、听广播等就可以了（如图 8-11 所示）。

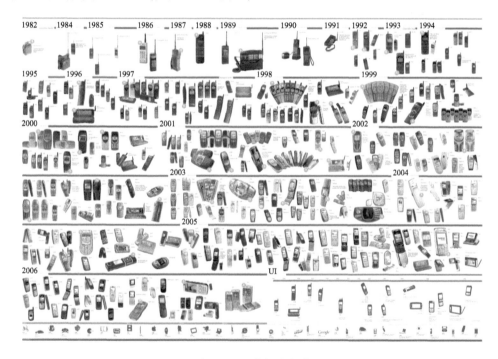

图 8-11　手机的发展

我们可以看出，雅器系列手机并不只是把手机放大化、简单化，而是通过设计帮助产品传达感情。老人手机不仅要考虑老年人的生理需求，更应该兼顾到精神层面的追求，使产品饱含情感和生命力（如图 8-12 所示）。

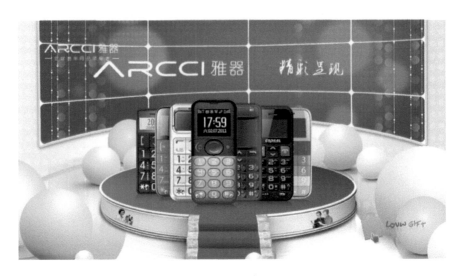

图 8-12 雅器手机汇总

产品设计的好坏并不只是看满足了多少用户的需求,更应该考虑去引导新的生活方式。嘉兰图的设计师从老年人的生活形态和生活态度出发来重新审视手机。信息时代对老年人的生活形态提出了新的要求,需要老年人更加社会化,而这种生活形态很大程度上受老人身边产品的影响。通过设计可以引导老年人生活形态的变化,解决老年人封闭的现状,引导即将到来的老龄化社会向更加健康的方向发展(如图 8-13 所示)。

图 8-13 手机改变老年人的生活

为确保新手机做到真正的简单易用,嘉兰图专门成立了老年人产品研究中心,深入老年大学、养老院、公园等老年人聚集场所,通过行为观察和访谈的形式,研究老年人生理、心理、行为习惯,分析老年人群对手机的需求,这些研究为他们后来的老人手机的开发提供了翔实可靠的依据。

Arcci 手机以易用为理念,只保留了打电话、发短信等基本功能,并且采用简化的菜单结构,减少用户操作的步骤,力争让用户不看说明书就能很快上手;采用大按键、大字体,让老年人看得更清楚;老年人的常用联系人不多,因此手机设置了专门的快捷拨号键,让老年人不翻电话本就能拨号;为弥补老年人视力的不足,雅器 S718 和雅器 S728 采用视觉、听觉、触觉多维度交互,通过语音提示老人操作;手机还加入了语音彩信功能,可以轻松录制 30 秒语音短信,这样老年人就不用为发短信发愁;另外,手电筒、不用耳机就能收听的 FM 收音机等功能对老年人来说也非常实用。设计方面,设计师对常规手机的要素进行打散并重新组合,成为革命性的个人通信终端(如图 8-14 所示)。

图 8-14 雅器手机 S718、S728

雅器 S718 计算器的形态(细节图如图 8-15 所示)、雅器 S728 鹅卵石的天然形态,让老年人重新拾起记忆,唤起怀旧之情,联想到生命与和平。设计希望传达给用户的是:这是一个有生命的伴侣而不是一个冷冰冰的通信工具。柔和的橙色屏幕灯、一触即泛红的按键灯、按键的褶皱、专门设计的字体,每一处设计都是人文关怀的具体体现,饱含了设计师的情感。

老年人使用手机的同时也很关注健康,多数老年人担心手机辐射。在手机辐射峰值规定上,欧洲为 2.0SAR,美国为 1.6SAR,Arcci 老人机的辐射值仅为 0.3SAR

图 8-15 雅器手机 S718 细节

左右,产品不仅通过 3C、CE、EMC 实验室,MTNET 报告,泰尔实验室等认证,还通过 ROHS(关于限制在电子电器设备中使用某些有害成分的指令)认证及美国联邦通信委员会的 FCC(产品电磁兼容和辐射限制等标准)认证。其次,老年人是疾病的高发人群,雅器 S718 老人机的背面有个醒目的橙色"SOS"求助键。老年人遇到身体不适或其他紧急状况按下这个键,即可逐个拨通预先设置好的亲人电话寻求帮助。另外,产品从设计上也散发着健康清爽的气息,设计师放弃那种过分强调产品在外观上标新立异的做法,而是以一种更为负责的方法去创造产品的形态,用更简洁、经典的造型使产品尽可能地延长其生命周期。

Arcci 以人文关怀的态度赢得了相当一部分注重健康的潜在消费群体。嘉兰图还将继续努力,在减少辐射、健康检测模块、健康管理、位置跟踪、危险监测等健康功能方面加快研发步伐,持续推出更具关怀的老年手机产品。

Arcci 通过无差异的设计语言来重新定义老人手机,让科技归于平实,使其散发优雅的气质,以体现老年人的高品位以及个性,成为老年人在众人面前敢于摆弄甚至炫耀的装饰品。设计师们最终采用年轻雅致的色彩、独具特色的精致造型、时尚化的丝印图形来体现这一通用设计的理念。"构筑老年人和年轻人共融共乐且充满人文关怀的和谐社会",这是 Arcci 品牌的使命。

从第一代老人手机开始,雅器打破了传统手机的固有形态,对常规要素进行打散并重组,让设计回归产品本质,在追求外观和工艺的同时,将用户对产品的终极需求"隐匿"到产品设计中,强调产品的使用功能与用户体验。雅器老人手机在设计上做了适当的减法,保留了打电话、发短信等基本功能,采用简化的菜单结构,减少用户操作的步骤，从使用角度拉近老人与科技之间的距离，易学易用。为弥补老人视力、听力衰退等因素带来的不利影响，手机采用视觉、听觉、触觉多维度交互，从各方面提示并方便老人操作。同时还加入了语音短信，以及对老人非常实用的收音机和手电筒功能。更为贴心的是 SOS 紧急呼救功能及关爱定位的功能，切实地为他们生活的安全、健康、便利着想。无论是从实用的功能还是雅致的外观，都是品质与科技的融合，洋溢着充满人文关怀和乐观积极的生活态度。雅器老人手机在欧洲、俄罗斯、中国台湾等地，都取得了良好的口碑。在产品设计中，用户参与式设计、协同创新思想也贯穿始终。从"雅器 Arcci"老年人手机的研发过程中可以很清楚地看到其情感化设计、包容性和通用设计思想，以及 Living Lab 的创新方法的实施。

嘉兰图的老人手机目前也在探索"银发经济"的发展规律，手机的功能也在逐渐升级，第三代已有了健康监护功能，下一步还会加入远程医疗和护理功能。目前也正在研发一款带有定位功能的老人手机。

老年人的需求日新月异，收发邮件、听音乐、上网、玩游戏在老年人中已开始逐渐普及，手机作为老年人的沟通工具和信息终端，也必将有更大的进化空间。嘉兰图相信，只要持续关注老年人需求的变化，就一定能够把握住老年人手机的趋势，开发出受市场喜爱的产品。同时，老龄化社会也需要更多和嘉兰图一样具有创造力和责任感的企业一起努力，共同建构充满人文关怀的和谐世界，为老年产品的开发提供设计理论依据和方法参考。而工业设计，在银发产业中将真正发挥其价值。

8.4 其他案例

8.4.1 案例三：lappset 老年运动系列

在商场和公园等公共娱乐场所中，我们随处可以看到儿童娱乐设施，比如在北京工体翻斗乐园、北京动物园儿童乐园、爱乐游园地等地方，孩子们可以无忧无虑地玩耍嬉戏。其中最具有代表性的是世界迪士尼乐园，作为世界上最大的主题公园，年轻游客和儿童都可以在乐园里找到他们心爱的迪士尼人物；在探险世界里亲身感受原始森林的旅程；在明日世界里尝试充满科幻奇谈及现实穿梭的太空幻想，还可以享受各地美食和甜点。只是这欢乐的背后让我们感觉到，仿佛游戏只是年轻人的专属，这些都被贴上了"年轻人专利"的标签，其实老年人就像孩子一样，也需要做游戏，去体验更多的娱乐项目。

游戏对老年人的快乐很重要。美国北卡罗来纳州大学针对140个63岁以上的老年人进行了一项研究，结果显示，玩游戏的人要比不玩游戏的人更快乐、更爱社交，也能更好地调整情绪。研究论文的第一作者Jason Alleire表示，这项研究暗示了游戏和幸福以及情感功能之间的联系。另外，游戏对老年人健康也很重要。老年人关节老化、肌肉萎缩、反应变慢，尤其是最近几年阿尔茨海默病患者越来越多，玩游戏可以强迫老年人多动手动脑，这有助于他们保持健康，减弱年龄增长带来的影响。

一些人玩游戏是为了寻找一种满足感，另一些人玩游戏是为了和朋友联系。一些游戏还可以促进思考，这种解决问题的游戏活动能逐渐促进认知，提高记忆力（如图8-16和图8-17所示）。

图8-16　老年人锻炼

图8-17　老年人玩儿游戏

基于老年人对游戏的需求,成立于1970年的Lappset公司拓宽了"游戏"这一概念——无论年龄、无论贫富、无论地域,每个人都可以享受到"游戏"的快乐。提出了适合0~100岁所有人群游乐的新理念,这一理念让每个人都有了游戏和娱乐的机会,使游乐无处不在。

让老人健康、快乐地生活,延迟老人被护理的时间是Lappset公司老年系列产品的追求。早在2000年进行的一项研究中,Lappset探讨了老人日常生活最终发展到高级的运动概念。在研究领域的专家的协助下,Lappset设计了一系列的健身器材。以Senior Sports老年系列产品为例,这款专门为年长者设计的室外活动器械受到了各方好评(如图8-18和图8-19所示)。

图8-18 Lappset Senior Sports 老年系列产品(一)

Senior Sports老年系列产品的产生是基于对老人的研究和监控,并且引进保健与运动方面的专业人士,以保证产品的功能和安全性。目的是方便和丰富老年人的日

图 8-19　Lappset Senior Sports 老年系列产品（二）

常生活，通过户外运动来保持老年人的身体健康、动作协调、心态良好，提高老人的能力以应付日常事务，如弯腰捡东西、安全地上下楼梯等。虽然 Senior Sports 系列是专为老年人设计的，但它也同样适合孩子玩耍。户外健身活动对每个人来说，从蹒跚学步的儿童到老年人都是不可或缺的。因此这里可以成为三代聚会的地方，每个人从幼儿到年老都可以在这里快乐健康地度过。Lappset 的这一设计理念体现了通用设计的精髓，把从老年人出发的设计延伸到所有热爱运动健身的人。

8.4.2　案例四：PawPawMail

用热水器却洗了个凉水澡、因为不会使遥控器而一周都没看电视、习惯用笔写字于是就不想学电脑、去银行坚决不用自助取款机……也许你从来没有听过这样的事情，以为这些都是笑话，而事实上有这样经历的老年人普遍存在。不会用手机，不使用银行自助，害怕把微波炉、热水器、智能电视机等"用坏了"的老年人不在少数，这就是老年人对"高科技"产品的恐惧心理，即所谓的老年人"恐高症"。

那是什么原因造成老年人"恐高"？老年人"恐高"，既有生理原因也有心理原因，更有一定的社会背景。随着老年人年龄的增大，他们的视力、听力、手脚灵活度、大脑反应速度等都会下降，这些因素在某种程度上弱化了他们接受新事物的能力。同时，老年人"恐高"，是人到老年后很自然的一种心理，因为老年人思维已经形成了一种定式，对于他们习惯的、熟悉的东西，他们会坚持使用，新事物接受起来不仅速度慢，心理上也有明显的抵触情绪。

造成老年人对高科技避而远之的原因，还与针对老年市场专项的高科技产品开发欠缺有关。现在的高科技产品大多属于智能型，功能强大、操作起来复杂，并不适合老年人使用，例如智能手机需要不停触摸显示屏，下拉菜单选择功能键，仅手机输入方式就多达数种，而输入功能方法的切换会使得老花眼、手脚不灵便的老人"玩不转"（如图8-20所示）。

图8-20 老年人使用电脑很困难

其实对于老年人来说，高科技并不是毫无价值。相反，它可以帮助老年人了解更多的社会信息，获得知识，提供娱乐平台，丰富晚年生活。因此，如何帮助老人避免"恐高"，让大部分老人也能像少数"新潮老人"一样，享受高科技带来的时尚生活是我们值得考虑的。例如，企业研发出一些专供老年群体使用的高科技产品，这些产品操作起来要简单、再简单一些，让老年人分享到社会科技发展的成果；子女们耐心教老年人如何使用电子产品，做到细心和耐心；老年人自身也应积极主动接受新鲜事物，适应社会发展（如图 8-21 所示）。

图 8-21　老年人主动接受高科技

PawPawMail 就是一个专门为老年人设计的简单的邮件系统。老年人不用耗费精力地去学习一个传统的邮件程序，PawPawMail 是一款允许任何电脑初学者迅速学会并使用的电子邮件（如图 8-22～图 8-24 所示）。

图 8-22　PawPawMail 的 ipad 版和电脑版

当然我们可以看出这套 E-mail 系统在一些细节上设计者还是花了很多心思的。PawPawMail 已经不必 login，没有超链接（谁知道那行字下面画一条线就要"按"的?），

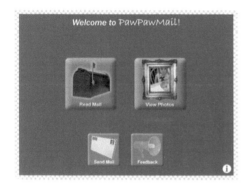
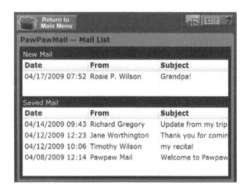

图 8-23 PawPawMail 的界面（一）

图 8-24 PawPawMail 的界面（二）

只有简单的信息和照片。电子邮件地址简化为收件人的头像或姓名。附件很容易处理，邮件的照片可以很简单地被添加到相册中而不需要保存、浏览、搜索。提供一个接口允许信任人从任何地方提供协助。同时极简的对比、明显的界面、大号的字体、少数的选项还着重照顾了有视觉障碍的老年人。给老人看的"邮件列表"并不全部列在一起，而是先列"新邮件"，下一部分再列"旧邮件"，因为老人并不能理解当 E-mail 的标题变色就表示它已经读过了。系统没有边栏、选单和三个以上的按钮，这可以让老人的视线专注在正中间而不会"迷路"，以免不知道该点入 INBOX 还是 OUTBOX。阅读 E-mail 时也是很简单的打字画面，没有扰人的边栏；看照片时则整面都是照片，不会有一些莫名的按钮。

还有一点值得指出的是 PawPawMail 不只是设计给老年人使用的，还包括老年人的"照护者"(caregiver)。老人和照护者的两个账号是互通的,如此设计是因为照护者可以进入 PawPawMail 帮老人设定通信、整理信件、上传照片等。

在设计理念成型和设计作品调试的过程中设计者反复请自己的祖父试用直到其乐于接受为止。PawPawMail 的设计过程体现了 Living Lab 的创新设计方法,用户协同设计,由真实用户参与、体验、评估和改进设计,设计师需要挖掘出用户最真实的需求,这种需求不是靠简单的想象模拟就能想出来的,必须真实地接近用户,通过不断的观察交流,找出用户最真实最自然的诉求,并在一次次的评估测试中校正这种需求,这样得出的设计才是真实的、有价值的,才能真正满足用户的需求。

PawPawMail 在设计上虽然不是非常完善,但却可以给我们一些启示,那就是目前这么多公司对老年人市场感兴趣,却不能成功,就是因为在问题的最后一点上突破不了。PawPawMail 的产品不只是卖给老人的产品,而是帮老人建立了两个连接:第一个连接就是老人与自己亲人,E-mail 是一个与他人联络的工具,当有子女和老年人回信互动的时候,老年人就会使用起来;第二个连接是老年人与他的照顾者,照顾者是对老年人影响最深的人,同时也会影响到老年人对产品的接受程度。亲人和照顾者这两类人几乎是老年人生活中最主要最亲近的人,透过产品让老年人和他们有更强的联系是产品成功的主要原因。设计师在处理老年人产品设计的时候经常会遇到"异年龄层"的问题,这个问题或许都可以用这两个连接来解决。

8.4.3 案例五：Opticane 拐杖 GP 笔

老年人群体的问题和苦楚并不是我们能够真切感受和理解的,但是我们却可以做些什么,让老年人生活得更方便、更舒适、更美好。随着老年人口规模的增长,可以为老年人的日常生活提供协助的工具和产品的需求也随之增长。例如眼神不好、行动不便、听力受损的老年人,他们的身体机能已经开始衰弱,有些老年人出门都需要带一些辅助用具,视力下降是老年人普遍存在的情况,它对老年人的日常生活影响非常大,比如超市购物、银行业务办理或者阅读报纸。但是有的老年人出门又需要携带许多其他东西,比如助听器、拐杖、水杯、钥匙等,这些对于老年人来说都是很大的负担,因为有些时候会经常忘记而给生活带来不便（如图 8-25 所示）。

比如设计师 Shin Dongjun 和 Kim Minsun 就有一个很好的创意：Opticane 拐杖将手柄转换成一个放大镜,它被设计用来帮助老年人在外出时阅读小字。用户不需要随

图 8-25 拄着拐杖读报的老年人

时记着带着自己的阅读眼镜或是一个单独的放大镜,而且他们也不用担心会把它们弄丢。只要把采用高级塑料制造的轻便拐杖举起,老年人就能在应急的时候使用手柄上的放大镜,查阅报纸或是墙壁上的文字细节了(如图 8-26 所示)。

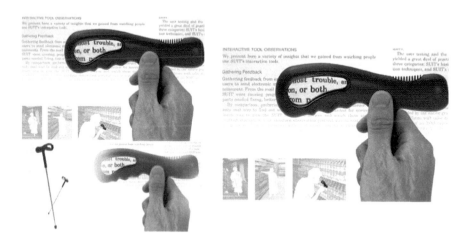

图 8-26 Opticane 拐杖

和 Opticane 拐杖一样,自带放大镜的 GP 笔(GP Pen)也是为视力不好的老年人设计的日常生活辅助产品(如图 8-27 所示)。具有"老花眼"的老年人在写字时,既需要一只手握笔写字,又需要另一只手拿着放大镜,或者购买一个专门的大型放大支架放在面前。前者用起来非常麻烦，后者又显得很夸张。如何解决这个问题，设计师 Gao Chao、Li Dongpeng、Xin Yongxian、Yu Fan、Liu Jianming 给出了很好的解决方案——GP Pen。GP Pen 是一种便携式工具，结合了笔和放大镜的功能，让视力下降的老年人也能方便地阅读和书写。这款笔在笔尖位置处设计一个可收纳、可调节角度的放大镜，刚好能用来放大正在书写的文字，不需要的时候还可以折起。

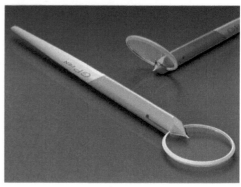

图 8-27　2012 年红点奖 Third Age 获奖作品 GP Pen

8.4.4　案例六：罗森（LAWSON）连锁便利商店

日本从美国引进便利店已有 30 余年，给匆忙的年轻人提供了不少便利，但是随着日本老龄化的加剧，以往的经营模式似乎不再适合，因此许多便利店的效益受到了影响，既然年轻人的生意不再好做，于是商家们纷纷开始转变策略，将服务目标锁定在老年人身上，为"银发一族"提供更多人性化服务。

罗森连锁便利商店在日本全国连锁店行业排名第二，该公司的发言人木村和夫称："我们有一点危机感，由于人口老龄化，年轻人数量减少，顾客减少。过去两年里罗森的业绩一直下滑。"直到有一天淡路岛的一个老年人打电话到一家罗森连锁便利店，询问这家便利店的营业时间，该便利店的经理长野才恍然大悟，原来很多老年人一直以为便利店是专门设给年轻人的，因此他们根本就不了解情况很少光顾。因此他们就动了改变现状的念头，罗森连锁便利商店成了首批自我改造动作较快的便利店之一（如图 8-28 所示）。

2006 年 7 月，罗森公司在淡路岛开设了第一家专为老年人服务的便利店：便利店走廊很宽阔，以适应带轮子的购物车经过；商品的价格标签和使用说明都是大号

图 8-28 罗森便利商店

字体,颜色从原来扎眼的蓝色变成色泽柔和的棕色,以方便老年人辨认;货架比其他店低了约 15 厘米,以方便坐轮椅的老年人购物;出售单个包装的新鲜蔬菜,比如一根胡萝卜、1/4 个卷心菜;把以前年轻人爱喝的果汁、咖啡和其他食品,换成本地产的蔬菜、米酒和易咀嚼食物;店内安装坐着轮椅也能使用的洗手间;配备助听器和血压测量计;在收银台处,顾客还可以把拐棍、手杖之类的放在拐棍架上存放;非自动门的换成自动门,让老年人进出方便……

8.5 结语

最近,央视播出了一则公益广告,故事讲述的内容是身患老年痴呆症的年迈父亲,记忆力日渐衰退,由一开始的迷路走失演变成连儿子也不认识了。在一次聚会上,父亲抓起桌上的饺子就往口袋里装,这一幕令儿子措手不及:"爸!你干什么?"失智老人低声说:"我儿子愿意吃饺子。"最后广告打出字:他忘记了一切,但从未忘记爱你（如图 8-29 所示）……

图 8-29　央视公益广告视频截图

父母对我们的爱如此伟大，就像植根于内心的种子，发自内心地向外生长；就像每时每刻的呼吸，自然流露不受控制。即便他忘记一切，但从未忘记爱我们。因此作为儿女应像对待孩子那样对待老人，关爱老人，从细小处入手，了解老人的所想所思所爱，满足老人的精神需求。

"子非鱼，焉知鱼之乐。"子非老，却应知老人之需。社会各界也应多关心、关注老年人这个庞大的群体，希望能有更多老人好用、喜欢用、渴望拥有的好产品。

8.6　参考文献

[1] 吴敏，李士雪，Ning Jackie Zhang，朱媛媛，宁博，Thomas Wan. Lynn Unruh. 独居老年人生活及精神健康状况调查 [J]. 中国公共卫生，2011 (7).

[2] 李莫滁，李萌垚，张梦雅，解妍，卞玉菡，张明宇，杨智辉. 北京市老年人娱乐方式对其主观幸福感的影响 [J]. 中国老年学杂志，2011 (4).

[3] 李蓉. 城市老年人娱乐活动参与对精神生活满意度的影响研究——以长沙市为例 [D]. 长沙：中南大学，2012.

[4] 宋爱芹，郭立燕，梁亚军，翟景花，王文军. 老年人生活活动能力评定及其影

响因素分析 [J]. 医学与社会, 2012 (12).

[5] 赵华, 方晓风. 易用·尊重——访老年产品设计品牌"雅器"[J]. 装饰, 2012 (9).

[6] 吴莉莹, 占维. 论老年人手机的界面设计 [J]. 消费导刊, 2010 (5).

[7] 易莉, 莫伟平. 老年人手机与通用设计 [J]. 上海第二工业大学学报, 2008 (4).

[8] 许熠莹. 基于生活形态的产品设计研究——老年人产品设计实践与研究 [D]. 杭州: 浙江理工大学, 2007.

[9] 杨晶晶. 对产品多功能设计的探讨——以老年人手机设计为例 [J]. 艺术与设计 (理论), 2008 (3).

[10] 汤洲, 姜晗. 老年人电子产品的无障碍交互设计研究 [J]. 包装工程, 2011 (14).

8.7 延伸阅读

1. 深圳雅器易用科技有限公司

(http://www.arcci.com.cn)

深圳雅器易用科技有限公司是一家专注于老年人用品研究、设计、生产、销售的全产业链公司, 是世界知名工业设计公司嘉兰图设计旗下子公司。雅器品牌依托专业、前沿、多元的设计团队专注于老人手机、老人健康用品等相关领域, 其中多款老人手机获得有着"国际工业设计奥斯卡"之称的德国红点、德国IF等工业设计大奖, 是国内老人手机领域的开山鼻祖。易用、实用、耐用, 一直是雅器人所追求的目标。"雅致有器, 易人所用"是雅器人的宗旨。提供老年人生活所需的健康、创新、专业老人产品和服务, 是雅器人所肩负的使命。

2. 乐普森 (Lappset) 公司

(http://www.lappset.com/global/en)

1970年, 安德鲁·依卡海默先生萌生营造更温暖与柔和的游戏环境的理念, 于是成立了Lappset公司, 如今已是木制儿童游乐设备的世界第一品牌。她的风靡源自于对"优质的原料、精心的设计和完善的服务"的不断探索和追求。选择Lappset, 就选择了生态、选择了环保、选择了安全, 也给当今到处充满钢筋混凝土的现代都市里增添了一幅清新柔和的欧洲风景图。如今 Lappset 进一步拓宽了"游戏"这一概念——无论年龄、无论贫富、无论地域，每个人都可以享受到"游戏"的快乐。以 Senior Sports 老年系列产品为例，专门为年长者设计的室外活动器械受到了各方好评。

3. PawPawMail

（http：//pawpawmail.com/）

有关 PawPawMail 的诞生有一段有趣的故事。一位软件工程师立志要做一个简单的 E-mail 系统给他年迈的祖父祖母使用，让他们可以轻松地和四位子女与十一位孙子孙女互通 E-mail。于是这位工程师依他老祖父的习惯，打造了一款简单、好用的 E-mail 系统，但是没想到祖父用了一阵子就不用了。工程师检讨以后发现原来是"还不够简单"！有一些东西对一般使用者视若平常，但是对老年人却如同登天障碍，譬如"鼠标"，老年人使用起来非常不方便；字体也必须再大一些、功能再简单一些。经过后来多次推敲修改最终就有了 PawPawMail 的诞生。

4. 新"24 孝"

2012 年 8 月，由全国妇联老龄工作协调办、全国老龄办、全国心系系列活动组委会共同发布新版"24 孝"行动标准。具体如下：

（1）经常带着爱人、子女回家；

（2）节假日尽量与父母共度；

（3）为父母举办生日宴会；

（4）亲自给父母做饭；

（5）每周给父母打个电话；

（6）父母的零花钱不能少；

（7）为父母建立"关爱卡"；

（8）仔细聆听父母的往事；

（9）教父母学会上网；

（10）经常为父母拍照；

（11）对父母的爱要说出口；

（12）打开父母的心结；

（13）支持父母的业余爱好；

（14）支持单身父母再婚；

（15）定期带父母做体检；

（16）为父母购买合适的保险；

（17）常跟父母做交心的沟通；

（18）带父母一起出席重要的活动；

（19）带父母参观你工作的地方；

（20）带父母去旅行或故地重游；

（21）和父母一起锻炼身体；

（22）适当参与父母的活动；

（23）陪父母拜访他们的老朋友；

（24）陪父母看一场老电影。

5. 电子游戏与老年人

美国北卡罗来纳州立大学的研究人员前不久做了一项研究，他们询问了140名63岁以上的老年人玩电子游戏的情况。实验参与者接受了一系列评估情绪与社会幸福感的测验。一半以上的实验参与者至少偶尔会玩电子游戏，其中35%的人表示他们至少每周玩一次。被询问的老年人表示他们觉得在玩游戏的时候比平时更开心、更乐观。研究发现那些玩过电子游戏的参与者（包括只是偶尔玩玩的）健康状况要比没玩过的人好。那些没有玩过电子游戏的人则表现出更多的负面情绪和抑郁倾向。结果证明了游戏与良好的健康和情绪之间的关系。该项研究的主要参与者北卡罗来纳州立大学心理学副教授杰森·艾奈尔博士表示，他们目前正在研究实验以验证玩电子游戏是否真的能改善老年人的精神状况。

第9章 展望

9.1 未来的老龄产品和服务

9.1.1 老年市场充满商机

随着老龄化社会的到来,全球老龄人口数量不断攀升。在未来,服务于老年人的各行业将得到最大限度上的发展。养老院、生产老年人用品的产业等都将成为最火的行业。而未来关注老年人的精神需求的服务业将发展得更加快速。

老年人收入的不断提高,为老年产业的发展开辟了广阔的空间。我国城市 60~65 岁的老年人口中约有 45% 的人还在业,他们除有退休金之外,还有额外的收入。据中国老龄科学研究中心的一项调查显示:城市老年人中有 42.8% 的人拥有储蓄存款,另外退休金一项到 2011 年增加到 8 383 亿元,2020 年为 28 145 亿元,2030 年为 73 219 亿元。2011 年老年人口消费额为 13 619 亿元,占 GDP 的 5.55%;2015 年将达到 20 958 亿元,占 GDP 的 6.19%。到 2020 年将接近 4.3 万亿元,占总消费的 12%;到 2030 年将达到 13 万亿元,占总消费的 15%。

9.1.2 老年市场冷清

但是放眼各大商场,我们却发现,老年人市场远没有人们想象中的那样火。2012 年 8 月 2 日,《中老年周刊》在头版头条全文转载了《生命时报》的文章,通栏标题是:"老年用品没地方买!"文中指出:"商厦的时尚女装区、男装区、儿童服装区人头攒动，形成鲜明对比的是，整个商场老年用品少之又少，更没有找到老年用品区"。这绝非个别现象，就全国而言是带有普遍性的。

那这究竟是为什么呢？原因可以分为以下几点：

一是在市场经济的今天，老年用品市场开发得远远不够。根据调查显示：老年市场年需求为 6 000 亿元，但市场提供产品不足 1 000 亿元，尚留有 4 000 亿元的市场空间。按市场规律的供求关系讲，现为"供不应求"，形成老年用品市场的缺失。

二是老年用品稀缺。目前国内老年用品共 700 多种，国外仅老年用的助视器一项就多达 1 万多种。有专家评论说："我国的老年用品市场比发达国家至少落后了半个世纪！"

三是老年用品质次、价高。消费者反映："早在 20 世纪 90 年代，我们就发现国内的老年人服装款式单一，十几年过去了，还是没什么变化。"

9.1.3 老年人消费心理特征

另外，老年人不同于年轻人，他们有自己独特的消费心理，这些也深刻影响着老年市场和产业的发展。老年人消费的心理特征主要表现在以下几点：

（1）补偿性消费。现全国 60 岁以上的老年人已达 1.85 亿人。他们大多数是在 20 世纪五六十年代物质匮乏的时期度过了青春年华，又由于个人的经济条件、工作责任所限，没有机会满足各种生活的追求。现在，国家改革开放了，经济发展了，收入也增加了，他们也从繁忙的工作和家庭负担中解脱了出来，产生了强烈的补偿性需求，希望晚年生活过得丰富多彩、有滋有味、潇洒地走一回。很多人有外出旅游的愿望；有对养老服务、服装、餐饮、娱乐、健身的需求；有对保健、康复和营养的追求。从一定意义上讲，此消费欲望，比中、青年人更强烈。

（2）信任性消费。大半辈子积累的血汗钱深知来之不易，勤俭节约已成为这一代老年人的优良品德。他们看不惯"月光族"，更不会任意消费和超前消费。在购物选择上通常去大商场和离家较近的信得过的商店去购买。他们认为，大商场提供的商品一般在质量上可以得到保障，而购物环境和服务方面也有较大优势。如果有老年用品专卖店、连锁店，会更符合其消费心理需求。

（3）习惯性消费。老年人的消费心理定式较强，一般不会受"忽悠"的影响。随着他们阅历的丰富，对广告、网络、电话购物消费不感兴趣，并由于受一些虚假广告的负面影响，甚至产生了反感情绪。他们也不愿冒险试用新产品，而比较偏爱以前经常购买的用品,一旦对某品牌产生信任,就会保持对该产品的消费愿望,并形成习惯。这一习惯性很难改变,在很大程度上影响着老年消费者的消费行为。

(4)结伴性消费。老年人中离退休人员较多,现在休闲的时间宽裕,而子女由于工作等原因,很少有闲暇陪同老人。故老年消费者多与老伴或年龄相近的老友结伴购物。他们的价值观、审美观相近,且共同语言也多,在选择购物消费时,可以互相参考。由于结伴购物,赏心悦目的老年用品在相关群体中往往有很强的传播效应,故而从众心理也很强,这也是现实消费中表达出一种特殊心理特征。

(5)实惠性消费。他们根据自己的经验,以及通过长期积累形成的标准,善于在购物消费时选择比较、观察分析,究竟哪些更经济实惠,在决断时往往更偏向理智。现实不需要的、价格偏高的、质量无保证的、经看不经用的一般不在他们的现实消费中。

9.1.4　如何开发老年市场

上面我们已经说了这么多存在的问题以及原因,那么我们需要怎么开发老年人这一市场呢?

根据中国老龄科学研究中心陶立群教授的研究成果显示,针对老年人不同年龄结构划分目标人群,提供人性化的"打包"产品和服务是促进老年产业发展的重要方面。按照老年人的年龄结构和身体健康状况,可以将老年人划分为高龄老年人(80岁及以上的生活自理能力较差或不能自理的老人)、体弱多病老年人和低龄老年人(60岁左右,身体基本健康)三个群体,分别对三个不同群体提供相应的产品和服务。其中向高龄老年人群主要提供包括护理服务、特别护理设施、特殊商品和服务;向体弱多病的老年人提供自助性生活辅助品,如代步器等医疗康复器械、家政服务、心理咨询等。针对低龄老年人群,为其提供更多的适合自身特点的消遣、休养、娱乐的设施和场所。

零点前进策略公司认为发挥老年产业的多行业共同发展的集聚效应,导入老年产业的整体概念,在老年产业的产品和服务方面按照消费者需求进行市场细分,协调多种行业的产品和服务之间的互补和替代关系,向目标老年人群提供有针对性的产品和服务,能够促进老年产业的发展。

总结为以下几点:

(1)先解决"买"的难题。市场经济是以市场为载体,而商场又是市场的重要载体之一。要开发老年用品市场，需利用现有的社会资源，在全国大型商场，设"老年用品专区"，所占场地可由各商场的具体情况而定，遵循从小到大的扩展过程，以大商场带动中、小商场，并采取多种措施，扶持老年用品专卖店。以多形式、多层次、多渠道来解决"买"的难题。与此同时，在供求关系失衡的现实状况下，国家相关部门可采用政策引导的办法，促进老年用品市场的开发，以完善我国的市场经济建设。

（2）要解决"卖"的难题。市场经济应是"货畅其流"，产了无处卖，表明流通领域不通畅。如果开辟了一定的"买"的市场，"卖"的难题就会迎刃而解。这样，老年用品市场就会被激活，从而形成良性循环。当然，涉及老年用品的相关社会组织，应当承担起社会责任，架起"产"与"销"的桥梁，有意识地培育和发展一批中介单位，疏通商品流通渠道。还可经常举办一些老年用品博览会、产品推介会等，不断完善"产、供、销"各个重要环节。

（3）加大老年用品市场的开发力度。按常理讲，老年用品的"买"与"卖"，无须用手段干预，靠市场的供求规律就会自行调节解决，恰恰在市场经济不尽完善的今天，正如记者所述："中国的老年用品市场就像一块被遗忘的'蛋糕'，虽然味美可口，却找不到分享它的人。一边是不断增加的老年人口数量和他们渴望便利生活的需求，一边是无人问津资源紧缺的老年用品市场，这两者原本可以碰撞出'互利双赢'的火花，如今却陷入尴尬境地。"毋庸讳言，中国老年用品"买"和"卖"的市场都存在，只不过是分散的、低端的、不规范的罢了。正因为如此才需要我们下大力气尽快把老年用品市场的开发由小变大、由低变高、由无序变有序、由分散到集中、由不规范引导到向科学化方向发展。

（4）加快老年用品的研发。老年用品的现状是品种少、质量低、用品稀缺，要改变这一现状，国家、社会、企业都需形成合力，投入适量资金，解决老年用品的研发困难，这是关乎"民生"的问题，可以满足老年人社会群体的特殊需求。《中国老龄事业发展"十二五"规划》中指出："促进老年用品、用具和服务产品开发，重视康复辅具、电子呼救等老年特需产品的研究开发，拓展适合老年人多样化需求的特色护理、家庭服务、健身修养、文化娱乐、金融理财等服务项目。培育一批生产老年用品、用具和提供老年服务的龙头企业，打造一批老龄产业知名品牌。"但愿能借此东风，使老年用品的研发乘势而上，以弥补市场的不足。

（5）通过宣传教育，提高社会关注度。为加快老年用品市场的开发，也应"欲之要动,舆论先行。"要通过多种途径,加强宣传教育,创造良好的社会氛围,以利于市场开发。当前,社会关注度低也是导致我国老年产业不发达的重要原因。有专家指出,从大环境看,政府对老年用品生产和销售商的优惠政策及扶持力度不够,商家不愿涉足。从小环境来说,子女"重小轻老"观念严重,在孩子身上愿花重金,对老人投入相对较少。要扭转这一社会时态,加快培育和开发老年用品市场,发挥舆论先行的作用,绝不可忽视。

未来的社会是包容性社会,让老年人也能追求更美好的生活,让每个人都可以为社会的增长做出贡献并分享其成果。《中国老龄事业发展"十二五"规划》提出,要促进老年用品、用具和服务产品开发。重视康复辅具、电子呼救等老年特需产品的研究开发。拓展适合老年人多样化需求的特色护理、家庭服务、健身休养、文化娱乐、金融理财等服务项目。加强老年旅游服务工作,引导老龄产业健康发展。

中国的养老产业还没有完全发育起来,面对日益增长的老年消费市场规模,政府、企业和社会机构应协同配合,多方联动,制定切实可行的措施,如产业部门要制定政策,积极引导规范老年消费市场。企业应谋求多元化策略开发老年消费市场,加快产品和服务创新,进一步更新老年人观念,有力助推我国老年用品市场的发展壮大。

9.2 老龄产业的希望——老龄产业商业模式探索

简单说来,商业模式就是创造、传递客户价值和公司价值的系统,是由客户价值主张、盈利模式、关键资源和关键流程四个紧密相关要素构成的。理解了商业模式,就不难理解商业模式创新了。商业模式创新作为一种新型创新形态,是一个快速发展的领域,人们关注它的历史很短,只有10年左右。这与20世纪90年代中期互联网在商业世界的普及与应用密切相关(如图9-1所示)。

拿苹果公司举例,凭借iPod数字媒体播放器和iTunes在线商店,苹果公司创造了一个全新的商业模式,这种设备、软件和在线商店完美有效地结合,很快就颠覆了音乐产业,并给苹果带来市场主导地位。苹果是如何实现这种优势的呢?一方面,苹果通过自主研发的iPod设备、iTunes软件和iTunes在线商店,为用户提供无缝的音乐体验。另一方面,为了实现用户便捷轻松搜索、购买和享受音乐,苹果还和各个大型唱片公司合作,建立在线音乐库。如此一来就形成了苹果公司特有的创新商

图 9-1 商业模式

业模式,正是这种模式,很快就把苹果公司推上了商业霸主的地位。由此可见,商业模式对于一个企业的发展是非常有影响的,好的商业模式甚至可以促进整个行业的发展(如图 9-2 所示)。

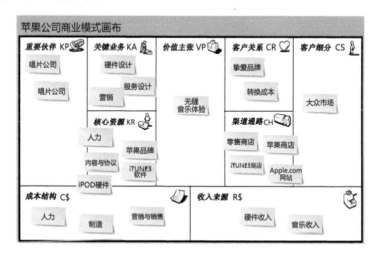

图 9-2 苹果公司商业模式

国家老龄委的数据显示,2010 年中国老年人的消费需求已超过 1 万亿元,2050 年左右将达到 5 万亿元。面对如此庞大的市场,各路资本均蠢蠢欲动,而政策也为资本进入提供了更多支持，老龄产业在不断地走入发展新纪元。分析现在的老龄产业，发现很多人叫嚷着有需求、有市场、有资金，但是却一直发展不起来。原因当然是多方面的，但是其中主要的问题之一就是老龄产业的商业模式没有找对。随着各种具有创新性的商业模式不断涌现，老龄产业作为一个重点发展的对象，促使其规模继续扩大化的商业模式值得大家探索。

当然，要想找到正确有效的商业模式并不是一件简单的事情，不是说说看看就能够找到的，不过还是有方法可学的。下面我们将介绍一种操作性很强，用来描述、分析、设计商业模式的工具——商业模式画布（The Business Model Canvas）（如图9-3所示）。通过对商业模式画布的了解，可以帮助我们探索老龄产业的商业模式。

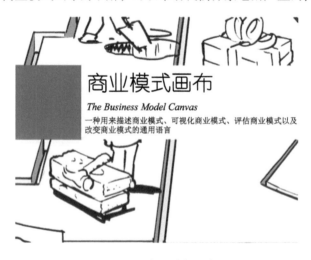

图9-3　商业模式画布

9.2.1　商业模式画布

商业模式画布是一种用来描述商业模式、可视化商业模式、评估商业模式以及改变商业模式的通用语言，描述了企业如何创造价值、传递价值和获取价值的基本原理。这个工具类似于画家的画布，其中预设了9个空格，可以在上面画上相关构造块，来描绘现有的商业模式或设计新的商业模式。如果能在大的背景上投影出来，人们就可以用便利贴或马克笔共同绘制和讨论商业模式的不同部分，非常快速方便和直接，就像绘画一样，完成整幅作品，这也是商业画布名称的由来（如图9-4和图9-5所示）。

图9-4　在一张白纸上画上你想要的

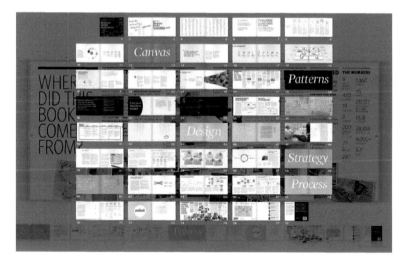

图9-5　商业模式画布

9.2.2　商业模式画布的9个要素

商业模式画布覆盖了商业的4个主要方面：客户、提供物（产品/服务）、基础设施和财务生存能力。细分下来，可以分为9个构造块：KP——重要伙伴，KA——

关键业务，KR——核心资源，VP——价值主张，CR——客户关系，CH——渠道通路，CS——客户细分，C＄——成本结构，R＄——收入来源（如图9-6所示）。

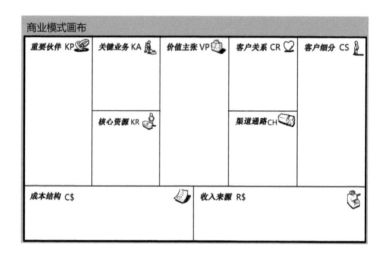

图9-6　商业模式画布9要素

重要伙伴：有些业务要外包，而另一些资源需要从企业外部获得。商业模式的优化和规模经济的运用、风险和不确定性的降低、特定资源和业务的获取等三种动机有助于创建合作关系。很多公司创建联盟来优化其商业模式、降低风险或获取资源。

关键业务：通过执行一些关键业务活动，运转商业模式。和核心资产一样，关键业务也是创造和提供价值主张、接触市场、维系客户关系并获取收入的基础。关键业务可以分为制造产品、问题解决、平台/网络等几类。

核心资源：核心资源是提供和交付先前描述要素所必备的重要资产。每个商业模式都需要核心资源，这些资源使得企业组织能够创造和提供价值主张、接触市场、与客户细分群体建立关系并赚取收入。核心资源可以是实体资产、金融资产、知识资产或人力资源。

价值主张：通过价值主张来解决客户难题和满足客户需求。价值主张则要解决"我们该向客户传递什么样的价值？我们正在帮助我们的客户解决哪些难题？我们正在满足哪些客户需求？"为客户创造价值。

客户关系：客户关系用来描述公司与特定客户细分群体建立的关系类型。"我们每个客户细分群体希望我们与之建立和保持何种关系?这些关系成本如何?如何把它们与商业模式的其余部分进行整合?"

渠道通路:通过沟通、分销和销售渠道向客户传递价值主张。"我们的渠道如何整合?哪些渠道最有效?哪些渠道成本效益最好?如何把我们的渠道与客户的例行程序进行整合?"

客户细分:企业或机构所服务的一个或多个客户分类群体。客户细分所要解决的问题是"我们正在为谁创造价值?谁是我们最重要的客户?"

成本结构:成本结构构造块用来描绘运营一个商业模式所引发的所有成本。成本结构分为成本驱动和价值驱动两种类型,而很多商业模式的成本结构介于这两种极端类型之间。

收入来源:收入来源产生于成功提供给客户的价值主张。如果客户是商业模式的心脏,那么收入来源就是动脉。"什么样的价值能让客户愿意付费?他们更愿意如何支付费用?每个收入来源占总收入的比例是多少?"

9.2.3 老龄产业的商业画布分析

老龄产业的发展是人口老龄化的必然结果,老年人口在总人口中的绝对数和比例不断增加,将带来一场深刻的人口革命。在未来的近半个世纪中,我国老年人口一直迅速增长,而且高龄老年人口增长速度又大大快于低龄老年人口增长的速度。在社会总需求中,随着老年人特殊需求的迅速增长,以满足老年人特殊需求的养老服务设施、日常生活用品和社区服务、娱乐业的新型产业不断孕育而生。

根据商业模式画布,我们把商业模式涉及的9个关键构造块整合在一个"画布"中,每个构造块对应画布上的一个空格,通过向这些空格里填充相应的内容,来快速直观地描绘或设计新的老龄产品的商业模式。下面就让我们试着画出老龄产业商业模式画布。

第一步:准备一块空白的"画布"(如图9-7所示)。

第二步:"画上"重要伙伴(如图9-8所示)。

企业基于多种原因打造各种合作关系,老龄产品产业的重要伙伴包括:设计公司及团队、零售商、第三方物流公司、第三方电子商务网站、养老社区、政府老龄相关部门。通过这些合作伙伴可以为企业提供核心资源,并执行自己的相关关键业务。

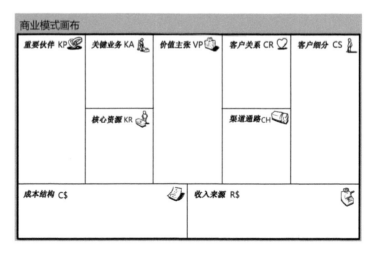

图9-7 准备一块空白的"画布"

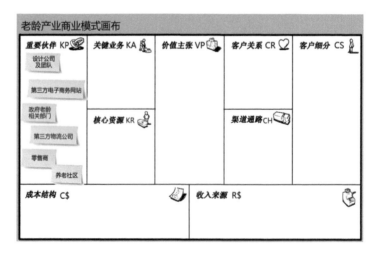

图9-8 "画上"重要伙伴

第三步:"画上"关键业务(如图9-9所示)。

老龄产品产业的四个关键业务可以定义如下:① 设计研发针对老年人特点的产品和服务;② 生产制造高质量的老龄产品;③ 制订针对老龄产品客户细分的营销计划和销售行动;④ 管理针对老龄产品产业的服务人力系统。这些业务是老龄产品创造提供自己价值主张、接触市场、联系客户并获取收入的来源。

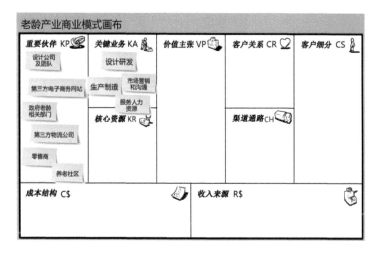

图9-9 "画上"关键业务

第四步:"画上"核心资源(如图9-10所示)。

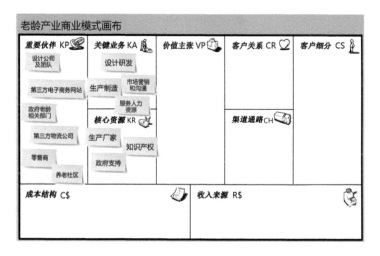

图9-10 "画上"核心资源

老龄产品产业的核心资源来自三个方面:知识产权、生产厂家、政府支持。老龄产品产业的知识产权开发困难,却能够带来巨大价值,为企业吸引大量的授权收入。生产厂家的各种生产设施、不动产、机器、汽车、销售网点和分销网络是老龄产品产业的实体资产,源源不断地生产销售老年人产品和服务。另外一个不可忽视的资源,就是政府资源,作为政府未来的一个工作重点,老龄产品产业的发展会获得政府的很多支持和资源,为老龄产品产业开启很多绿色通道。

第五步:"画上"价值主张(如图9-11所示)。

老龄产业的核心价值主张就是解决和老年人息息相关的生活、医疗、娱乐等问题,专门提供针对老年人的产品及服务。老龄产品的设计研发就是为了让老年人的生活更加方便,让老年人居家养老更加有尊严,同时体现对老年人情感需求的关怀,从衣、食、住、行、医、娱乐等方面全方位地关怀老年人的生活。在老龄化问题不断加剧的情况下,老龄产业间接地解决了政府部分养老问题,同时能够刺激老年人群体的消费。如今老年人的消费在社会个人消费中具有重要地位,大约占社会个人消费需求的10%~15%,随着社会经济的发展和老龄化水平及老年人生活质量的提高将逐渐上升至20%~30%。可见满足老年人的消费需求对社会经济发展会有重要的推动作用。

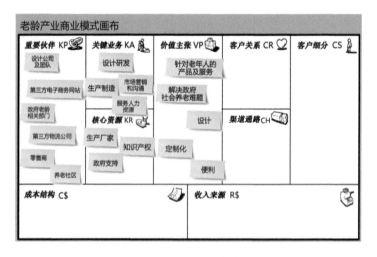

图9-11 "画上"价值主张

第六步:"画上"客户关系(如图9-12所示)。

老龄产品通过零售、电子商务网站来实现销售。零售是传统的客户关系类型,也是提升销售额的重要途径。而电子商务网站更多的是获取相对年轻的用户。两方齐下,把老年人的生活方式和客户建立起联系,通过生活化的使用习惯获取大量的老年人新用户。

第七步:"画上"渠道通路(如图9-13所示)。

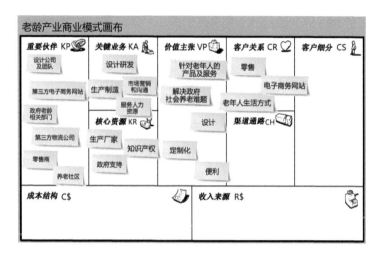

图 9-12 "画上"客户关系

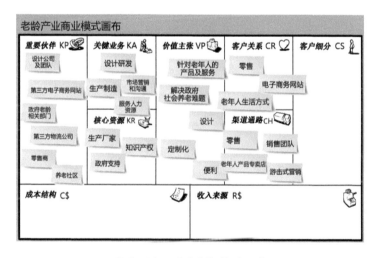

图 9-13 "画上"渠道通路

老龄产业的价值主张是通过怎样的渠道传递而成为其用户的呢？这里面包含了传统的零售方式、销售团队的方式，直接的协助顾客购买自己的产品和服务。同时也催生了新的渠道方式，根据老年人自身的特点，采取生活方式体验营销和游击式营销，同客户进行点对点的销售，再通过老年人的口碑相传，以传达自身的价值主张，不断地提升产品和服务在客户中的认知，完成产品的销售工作。

第八步："画上"客户细分（如图 9-14 所示）。

老龄产业价值主张的提出与实现主要依赖于产业的客户数量,包括老年人群体及其子女、政府及相关单位、养老社区。顾名思义,老龄产业主要针对的就是60岁及以上的老年人群体,依据老年人的特点及其特殊需求对产品的数量、质量及其特点进行设计研发以及市场营销计划调整,满足老年人日益增长的需要。子女是第二部分的消费群体,中国人自古就有百善孝为先的美德,子女为了父母的健康和幸福生活,会尝试购买各式老年人产品送给父母。老龄化的加剧,就应运而生了很多新型养老社区,老龄产品会大量流入各个养老社区供住在其中的老年人使用。政府不断地推动老年人产业的发展,以面对日渐加剧的人口老龄化问题,这样政府会对老龄产业进行投资和重点补助。

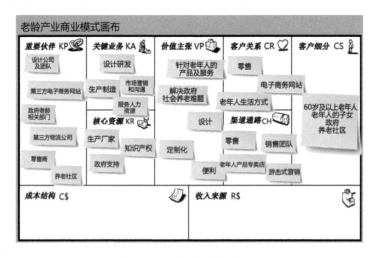

图 9-14 "画上"客户细分

第九步:"画上"成本构成(如图 9-15 所示)。

老龄产品产业的成本构成主要分为三个方面:生产研发成本、销售成本、管理成本。成本的发生多是由核心资源和关键业务产生的。在任何一个商业模式中,成本都应该被最小化,但是有的时候成本的发生是必需的,这样才能驱动产业的向前发展。

第十步:"画上"收入来源(如图 9-16 所示)。

作为特殊产业,老龄产品的收入模式也是传统与创新结合的。通过传统的产品和定制服务,获取收入。同时老龄产品研发出的核心产品和技术会带来大量的授权收入,帮助企业获得大量的科技转化利润,相继带来更多的使用、租赁、宣讲费用。

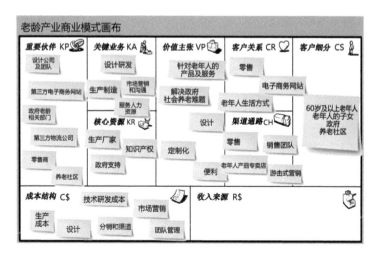

图 9-15 "画上"成本构成

由于老龄产品的发展劲头很大,很多企业、政府部门对重点项目进行商业融资,这样会为产业带来大量的商业资本。除此之外,政府扶持的项目和产品,会给企业带来丰厚的政府补贴经费和起步资金。

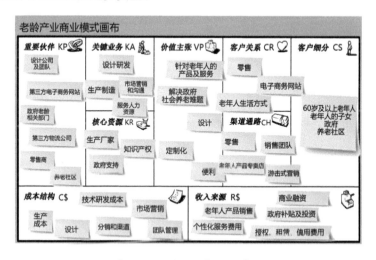

图 9-16 "画上"收入来源

通过以上分析,我们简单画出了老龄产业商业模式画布。综观全局,可以让我们更加直接地看到老龄产业各方面的状况,能够很好地帮助企业做出正确的决策和判断。虽然上面分析的结果也许并不完善和精确，但是作为一个简单的引导，其作用也就体现出来了。相信如果企业运用好这一方法的话，会非常受益。

商业模式的创新作为一种新的创新形态，其重要性已经不亚于技术创新。国内的老龄产业需要找到一种适合的清晰的商业模式，老龄产业商业模式的创新需要结合当前社会的发展趋势。中国老龄事业在取得较快发展的同时，还面临着一些问题，主要包括：一是积极应对人口老龄化的顶层设计和战略规划滞后；二是多元主体共同应对人口老龄化的体制机制尚未形成；三是养老保障和医疗保障水平还比较低；四是老龄事业发展不平衡，农村老龄事业、老龄文化、老龄宜居环境和老龄社会管理等的发展明显滞后。

目前，各地各部门制定出台了很多促进老龄事业和产业发展的政策和规划，力求推进老龄事业和产业的健康发展；社会将掀起宣传贯彻新修订的"老年法"的高潮，老年人权益将得到进一步保障；各方力量正加快老龄服务体系的建设步伐，促进老龄服务进一步发展；全社会关心支持老龄事业和产业发展的氛围更加浓厚，积极应对人口老龄化的环境会更加优化。

商业模式画布作为工具的应用绝非只限于营利机构，也可以应用到非营利性组织、慈善机构、公共事业和营利性的社会组织中，致力于老龄产业发展的企业家们更应该好好利用这一工具来建构商业模式。

9.3 参考文献

[1] 陈开梅. 我国老年产业发展前景研究 [J]. 经济论坛，2012 (10).

[2] 刘玉洁. 让老年产业焕发青春活力 [N]. 中国经济导报，2010 – 10 – 21.

[3] 乔为国. 商业模式创新 [M]. 上海：上海远东出版社，2009.

[4] [瑞士] 亚历山大·奥斯特瓦德，[比利时] 伊夫·皮尼厄. 商业模式新生代 [M]. 王帅，等，译. 北京：机械工业出版社，2011.

[5] 蒋丰. 日本银发经济值得借鉴 [N/OL]. 中国新闻周刊网，2012 – 12 – 11.

[6] 尹银. 我国老年产业发展的实证分析及对策建议 [J]. 产业与科技论坛，2009 (11).

[7] 金永荣. 老年人健康教育与产业开发 [J]. 商业文化（下半月），2012 (3).

9.4 延伸阅读

1. 中国老龄产业协会

(http://www.zgllcy.org/chanye/)

中国老龄产业协会是由从事老龄产业的养老服务、医疗康复、金融保险、生产制造、产品流通、科研教学、护理培训、文化旅游、经营管理等企事业单位、社会团体和相关行业的专家自愿组成的全国性、行业性的非营利性社会组织。

其具体业务范围是：研究制定老龄产业"行规行约"并监督执行，建立行业自律机制，提高行业整体素质，依法维护会员合法权益和行业整体利益；参与制定国家老龄产业发展规划，向政府部门提出有关产业政策、经济立法等建议；受政府委托，参与老龄产业重大投资、开发项目的前期论证，协调对项目建设和运营的监督管理；经政府部门批准，在相关部门业务指导下参与制定、修订、评定涉老服务机构、生产企业的相关标准，参与行业服务和质量的监督管理工作；组织实施服务项目和产品的认证、评估、鉴定、推广；组织产业调查和行业指标统计及成果的开发应用；配合政府部门进行为老服务相关职业技能的鉴定考核；组织行业内有关评选表彰活动；建立老龄产业信息网络，按照规定编发行业刊物；组织会员研发老年产品，引进、推介国外优质同类产品；开展从业单位、社会组织间的国际合作交流活动，考察、借鉴先进经营模式及管理经验；根据需要举办交易会、展览会；组织从业人员的各类培训等；受政府部门或其他有关单位委托，承办与老龄产业有关的工作。

2. 中国老龄产业协会老年用品专业委员会

(http://www.lnyp.org.cn/)

中国老龄产业协会老年用品专业委员会（下称专委会），由民政部2011年5月5日批准成立，是中国老龄产业协会下设的工作委员会。由涉及老年用品相关领域中从事科研、制造、生产、加工、流通等企事业单位或个人自愿组成的全国性非营利社会团体组织。

专委会接受主管单位中国老龄产业协会的领导和监督管理。遵守国家法律、法规，坚持为政府服务、为老年人服务、为行业服务、为会员服务。积极探索和研究老年用品行业发展的特点和规律，推动老年用品行业规范化、标准化建设，促进老年用品行业有序发展，发扬"广开渠道，互通信息，多办实事"的精神，为中国老年用品行业的发展贡献力量。

3. 商业模式

早在20世纪50年代就有人提出了"商业模式"的概念，但直到40年后（1990年）才流行开来。泰莫斯定义商业模式是指一个完整的产品、服务和信息流体系，包括每一个参与者和他在其中起到的作用，以及每一个参与者的潜在利益和相应的收益来源和方式。在分析商业模式过程中，主要关注一类企业在市场中与用户、供应商、其他合作方的关系，尤其是彼此间的物流、信息流和资金流。

简单来说，商业模式就是企业或公司是以什么样的方式来盈利和赚钱的。构成赚钱的这些服务和产品的整个体系称之为商业模式。

附录 1 与老年人相关的机构、组织

1. 国外与老年人相关的机构、组织

1.1 国际老年人日

(http://www.un.org/zh/events/olderpersonsday/)

1990年,第45届联合国大会通过决议,从1991年开始,每年10月1日为"国际老年人日"(International Day of Older Persons)。人口老龄化问题引起了国际社会的关注,联合国和许多国家,如中国、日本、瑞典、法国等国都组建了一些较为完善的老龄科研组织和机构,从自然科学和社会科学两个方面加强对老龄问题的综合研究。联合国于1982年在维也纳举行了第一届老龄问题世界大会,在以后16年的历届大会上都涉及了老龄化问题,并先后做出了一系列重大决议:《维也纳老龄问题国际行动计划》《十一国际老人节》《联合国老年人原则》。

许多国家还有本国的老人节,有的是和本国传统节日相结合,显得更有意义。加拿大的老人节也称"笑节",定在每年的6月21日;美国的老人节也称"祖父祖母节",定在每年9月劳动节后的第一个星期天;一向有敬老习俗的日本老人最多,所以老人节也称"敬老日",定在每年的9月15日。

1999年"国际老年人日"主题:建立不分年龄,人人共享的社会

2002年"国际老年人日"主题:让老年人融入发展进程中去

2004年"国际老年人日"主题:任何年龄都有未来

2005年"国际老年人日"主题:新千年的老龄化问题,重点在贫困,老年妇女

和发展

2006年"国际老年人日"主题：提高老年人生活质量，促进联合国全球战略和发展

2007年"国际老年人日"主题：关注老龄问题的挑战和机遇

2008年"国际老年人日"主题：为老服务与老年人社会参与

2009年"国际老年人日"主题：庆祝《国际老年人日》十周年 建立不分年龄人人共享的社会

2010年"国际老年人日"主题：老年人和实现千年发展目标

2011年"国际老年人日"主题：起动马德里+10——全球老龄化的机会与挑战日增

2012年"国际老年人日"主题：长寿——塑造未来

1.2　国际老年学协会

（http：//www.iagg.com.br/）

（http：//www.iagg.info/）

国际老年学协会（The International Association of Gerontology）成立于1950年，是一个研究老年科学的国际性学术团体。该协会的宗旨和目的是：① 促进各会员组织在生物学、医学、行为学和社会科学各领域对老年学所进行的研究，加强各会员组织之间的交流与合作；② 促进各国老年学领域研究老龄问题的科研人员之间的接触，推动对高级人员的培训工作；③ 提高各国老龄组织对国外和国际老龄问题的兴趣；④ 协助并促进理事会定期召开国际老年学学术会议。

国际老年学学会定期举行以科学讨论为主的国际会议。第二次国际会议于1951年在美国圣路易斯市举行，此后每隔3年召开一次；1981年后，改为每4年举行一次国际大会。协会现有中国、印度、日本、美国、法国等44个国家老年学组织的团体会员。协会出版了《国际老年学协会公报》和各次会议的《会议录》。

1.3　国际老龄问题联合会

（http：//www.ifa-fiv.org/）

国际老龄问题联合会（The international Federation on Aging）于1973年在英国的伦敦成立，总部位于加拿大蒙特利尔。参加成立大会的共有17个国家的老龄组织代表。现在联合会的团体会员已经发展到41个国家的77个老龄组织。联合会是一个非官方、非营利性的团体，它与联合国经社理事会、国际劳工组织、世界卫生组织、联合国人口活动基金会有协商关系。旨在维护老年人的尊严、独立和权利。成立联

合会的目的是为了促进各国老龄组织之间的信息与工作经验交流。联合会敦促各国政府和各界人士以及科研机构重视老年人的福利问题，通过会务活动把各国的老年人和为老年人服务的协会或类似机构组织在一起，并通过支持和赞助有关活动，扩大联合会的影响，努力为提高老年人的福利服务，为全世界讨论老龄问题提供讲坛。

联合会定期出版《国际老龄问题》杂志，并组织出版了《老年妇女》《亚太地区老年人概况》《国际性老年医学期刊调查》以及《老年人健康情况自我检定》的图书。

1.4 美国老龄问题研究所

(http://www.nia.nih.gov/)

美国老龄问题研究所（National Institute on Aging，NIA）作为美国国立卫生研究院（National Institutes of Health，NIH）的27个研究所之一，自1974年以来，在国家研究领域一直处于领先水平。NIA致力于研究变老的本质，支持老年人的健康和福利事业，使更多的人能够健康长寿并拥有活跃积极的生活。为了实现这些目标，NIA的研究项目涵盖广泛的领域，从随着年龄变化而引起的细胞变化，到与年龄有关的生物医学、社会行为学，包括阿尔茨海默病的检查。

对于一般公众和卫生专业人员，NIA提供了对老年人和他们的家人重要而广泛的以消费者为导向的信息。科学家们将找到兴趣相关领域的研究信息和机会。

美国国立卫生研究院（National Institutes of Health，NIH）(http://www.nih.gov/)是美国主要的医学与行为学（medical and behavioral research）研究机构，任务是探索生命本质和行为学方面的基础知识，并充分运用这些知识延长人类寿命，以及预防、诊断和治疗各种疾病和残障。

1.5 美国老年学学会

(http://www.geron.org/)

美国老年学会（The Gerontological Society of America）成立于1945年，是一个研究老年科学的学术团体。学会的宗旨是促进老龄问题的学术研究，鼓励与老年学有关学科的专家、学者、研究人员和老龄工作者之间的联系与交谈，并促进老龄科学的研究成果在制定公共政策中的应用。学会在制定全国老年科学研究规划、专业人员培训计划与课程安排等方面，起领导与组织协调的作用。

学会每年召开一次学术会议，并设有"唐纳德·肯特奖金""罗伯特·克里迈尔奖金""约瑟夫·弗里曼奖金"和"西森·肖克奖金"。每年评奖一次，分别授予通过教学与服务对老年学研究有重大贡献的会员、研究人口老龄化有卓越成绩的社会科学的科研人员、对临床医学研究有重大突破的会员和老年学各领域学习成绩优异的学生。

学会定期出版《老年学杂志》和《老年学家》。《老年学杂志》刊登从生物学、医学、心理学和社会科学角度论述老龄问题的文章；《老年学家》则着重探讨老年学的应用研究、老年人福利问题与公共政策。

1.6 美国退休人员协会

(http：//www.aarpinternational.org/)

美国退休人员协会（AARP）是一个私营非营利性组织，是美国最老和最大的为老年人呼吁倡议的群体。协会的座右铭是"服务，而不是被服务"，工作目标是帮助美国老人达到独立、尊严和自主。

尽管协会是一个非政治组织，不参与政治候选人的选举，但它关注和监督会员感兴趣的那些地方性的和全国性的立法。协会组织一个志愿者项目，教育选民关心与老年人有关的问题。协会的长期目标包括老年人经济上有保障和能够承受各种健康保健费用。协会同时在改进工作场所对老年人的态度、老龄人口需求研究等方面开展工作。协会的消费者事务项目不断向老年人传递各种商品和服务的信息。协会的安德鲁斯基金会（Andrus Foundation）为老年学、老龄化的科学研究设立基金，提供经费支持。

《AARP》杂志，由美国退休人员协会（AARP）主办，号称美国和世界上发行量最大的杂志，2002年由《现代老年》（*Modern Maturity*）与《我们这一代人》（*My Generation*）杂志合并而来。根据美国出版发行稽核局（Audit Bureau of Circulations，ABC）发布的杂志发行量上下半年数据之和可知，《AARP》杂志的全年发行量超过4 000万份。

1.7 牛津大学老龄研究所

(http：//www.ageing.ox.ac.uk/)

1998年，牛津大学成立的老龄研究所，是由美国国家卫生研究所（国家老龄问题研究所 NIA）资助建立的英国第一个在人口老龄化环境下研究人口和经济的中心。2001年发展成为研究所。

它的目标是研究人口变化所带来的影响，它是一个多学科的团队，以人口学为研究重点，并辐射到其他方面。

该机构有6个主要的研究计划：了解人口变化、人口与经济、人口与社会、人口与健康、人口与环境、人口与创新。两个研究中心：移民与人口老龄化、人口老龄化的政策挑战。

1.8 联邦德国老年专家服务中心

联邦德国老年专家服务中心（Federal German Old Experts Servicing Center）成立于1983年，总部设在首都波恩，旨在为具有专业特长的退休老人到发展中国家发挥余热，帮助那里的企业提高劳动生产率，该中心是一个志愿的民间组织。目前已经有60多个国家的企业接受了该服务中心介绍的专家的帮助。

1.9 联邦德国敬老协会

联邦德国敬老协会（Federal German Old Folk Association），该协会又称为老年人救济会，是由联邦德国的前总统海因里希·吕希克及其夫人倡导并创建的。该协会活动开始于1963年。敬老协会就是在老龄问题日益得到政府和社会强烈关注的背景下，为了激励全社会普遍尊重、关心和帮助老年人，使全社会形成一种以帮助老人为乐的新风尚而创建的。

该组织的主要活动是：开展"流动车午饭"活动，每天为单身和生活不能自理的老年人送午饭；设立老年人体育、娱乐活动站；举办服务员培训班，提高服务质量；成立老年病研究机构；开展为老年人特殊服务，对老年人专用设备进行研究；定期出版发行专供老年人阅读的刊物；丰富老年人文化娱乐活动。

1.10 澳大利亚艺术与健康中心（Arts and Health Australia，AHA）

（http：//www.artsandhealth.org/）

澳大利亚艺术与健康中心（AHA）是为组织交流和宣传而设立的咨询机构，通过具有创造性的活动，加强和改善社区的健康和社会福利。AHA的突破性在于它能够在短时间里向用户提供研究结果和解决方案，举办小型会议、论坛和培训计划。

艺术与健康中心的领域包括：

急性疾病的初级护理、老年护理、社区卫生和健康推广；

在初级保健和社区卫生方面倡导艺术和健康相结合的做法；

演示艺术如何能够促进健康；

展示了在医学教育和临床健康的人文价值；

与从事医疗保健、艺术、教育领域工作的人进行网络交流；

与国际同行进行交流合作；

便于联邦、州和地方政府在政策上的改进,鼓励和促进澳大利亚艺术在医疗保健中的应用;

支持国内外有关艺术和保健方案的科学研究和评估。

1.11 英国 Independent Age

(http://www.independentage.org/)

Independent Age 是英国皇家慈善协会(the Royal United Kingdom Beneficent Association)的经营名称,是一个为老年人提供帮助的社会机构。

超过 1 500 名志愿者和一定数量的付薪员工,向客户提供一系列的服务。我们提供的支持与老年人的背景、种族、信仰、性倾向或性别无关。为老年人及其家人,专注于社会服务、福利和亲民服务的护理者提供信息和咨询服务。提供免费的咨询专线,针对复杂的问题提供专业的建议,如社会关怀资金。我们出版的 wise guide 包含的内容是我们通过实践获得的真实经验,提供了改善生活的建议、信息咨询服务、友好可读的格式。

1.12 瑞典衰老研究中心

(http://www.arclab.org/)

(http://www.ki-su-arc.se/)

衰老研究中心(ARC)是 2000 年由医科大学卡罗林斯卡研究所(KI)和斯德哥尔摩大学(SU)合作成立的多学科中心,以促进多学科知识在衰老研究方面的应用为研究方向。其主要合作者是斯德哥尔摩老年学研究中心和瑞典的老年痴呆症中心,并于 2008 年 1 月创建了国家老龄化研究生院。

ARC 的主要目标是:(一)从医疗、心理和社会的角度,开展和支持高品质的老龄化研究;(二)推进老龄问题研究的多学科交叉;(三)在激励的环境中,提供高品质的研究生教育;(四)促进瑞典和国外老龄化研究合作。

1.13 日本老人对策本部

老人对策本部(Countermeasure Department of the Aged)为全国管理老龄工作的最高领导机构,也是日本老龄政策的决策机构。有关日本全国的老龄工作的大政方针,必须由本部召集会议做出决定公布实施。老人对策本部下设老人问题恳谈会和老人对策室,是管理全国老龄工作的咨询机构和办事机构。老人对策室由总理大臣兼任本部长,副本部长由总务厅长官、厚生省大臣兼任,其他成员分别由劳动省、厚生省等 17 个部门的事务次官担任。为了进一步加强全国老龄工作,1985 年老人对策本部撤销，成立"长寿社会对策关系阁僚会议"，由日本18个省厅的大臣参加，为全国制定老人方针政策的最高机构，在总务厅下设老人对策室，作为阁僚会议的具体工作机构，为了加强老龄工作，日本各县、市也成立了老人对策室。1986年日本公布了"长寿社会对策大纲"，1989年日本政府又公布了"高龄者保健福利推进十年战略"，即著名的"黄金计划"。

1.14 日本高龄化综合研究中心（JARS）

（http：//www.jarc.net/）

日本高龄化综合研究中心是1984年由日本人口问题议员恳谈会主要负责人安孙子藤吉先生创建的。这个机构隶属于日本总务厅之下，性质是由内阁总理大臣许可批准的公益法人，是以研究人口问题为重点的综合研究中心。许多日本著名人口学家、社会学家担任了该中心的理事。

1.15 日本老龄理事会

1998年，日本老龄理事会（日本非政府组织老龄问题委员会）成立。根据联合国的原则：老年人具有独立性、帮助他们自我实现和参与到社会中、给予足够的关心和尊严。日本老龄理事会一直在推广其活动，其目的是建立一个和平的社会，在这个社会中没有年龄歧视，所有的人都能够追求有意义的生活。

日本老龄理事会的第一个目标是"提高老年人的社会参与程度"。为此，日本老龄理事会举办各种活动。例如，与各国政府（如内阁办公室）合作组织活动研讨会；组织自己的活动包括"日本老龄理事会国际研讨会：老年人新活力"；为2005年爱知世博会举办老年人在亚洲的活动；与美国退休人员协会（AARP）一起举办"重塑退休"活动。

截至2012年，日本老龄理事会有50名成员，约10个专题和支持会员。

2. 国内与老年人相关的机构、组织

2.1 中华人民共和国民政部

中华人民共和国民政部下属有多个单位，涉及老年人群和老龄事业。如下：

中华人民共和国民政部—社会福利和慈善事业促进司

（http：//fss.mca.gov.cn/）

中华人民共和国民政部—中国康复器具协会

（http：//kfxh.mca.gov.cn/）

中华人民共和国民政部—国家康复辅具研究中心

（http：//kffj.mca.gov.cn/）

中华人民共和国民政部—中华慈善总会

（http：//cszh.mca.gov.cn/）

中华人民共和国民政部—中益老龄事业发展中心

（http：//zyac.mca.gov.cn/）

2.2 中国老龄事业发展基金会

（http：//www.capsc.com.cn/）

中国老龄事业发展基金会是民政部和全国老龄办领导下的为全国老年人服务的民间慈善组织，是独立的社会法人。它的前身是中国老年基金会，成立于1986年5月。

中国老龄事业发展基金会的行动宗旨是："孝行天下，共建和谐。"基金会以老年人为本，全心全意为老年人服务，并呼吁社会共同尊重、关心和帮助老年人。基金会的工作任务是：以弘扬敬老爱老助老的中华民族传统美德为中心，以为健康的老年人锦上添花、为有困难的老年人雪中送炭为重点，帮天下儿女尽孝，给世上父母解难，为党和政府分忧。

中国老龄事业发展基金会自成立以来，从我国人口老龄化的实际出发，紧紧围绕党的中心工作，积极动员社会力量筹集善款，为老年人做了大量的实事、好事和善事。六年中，中国老龄事业发展基金会创造性地开展了一系列卓有成效的活动，形成了自己独特的、具有较大影响力的"全国敬老爱老助老主题教育活动""中国老年艺术团《红叶风采》文艺晚会""爱心护理工程""东方银龄远程教育普及工程"和"老年心理关爱工程"等品牌，并先后建立了19个专项基金。通过各项活动的广泛开展，把党和政府的温暖送到广大老年人的心中。

2.3 中国老龄科学研究中心

（http：//www.crca.cn/index.html）

中国老龄科学研究中心（China Research Center on Aging）是我国唯一专门研究老龄科学的国家级科研机构。该研究中心是1989年3月经批准成立的国家级多学科老龄问题综合研究机构，是中国老龄人口与有关老龄问题信息收集、研究和传播的机构。研究的方向和主要任务是：调查研究人口老龄化问题，提出适合中国经济发展水平和传统文化的解决老龄问题的战略对策，为政府和有关部门制定老龄政策提供依据；协调和开展社会老年学、老年心理学、老年社会学、老年医学、老年生物学等基础理论的研究；协助国家制定老年科学研究的中长期规划；培训老龄科学研究和实际工作人员；编辑出版老龄问题研究刊物和书籍；开展国际的多边和双边合作研究与交流。

中国老龄科研中心是全额拨款事业单位，下设的主要职能部门：办公室、老龄社会医学研究室、老年人口统计研究室、老龄对策研究室、老龄信息技术研究所、老龄问题研究编辑部、老龄基础数据库。现有研究员、副研究员、助理研究员以及硕士、学士学位的22人。专业学科涉及人口学、社会学、统计学、经济学、医药学等。

2.4 中国老龄协会

中国老龄协会的前身是老龄问题世界大会中国委员会和中国老龄问题全国委员会。1982年3月，经国务院批准成立了老龄问题世界大会中国委员会，同年10月更名为中国老龄问题全国委员会，1983年国务院正式批准中国老龄问题全国委员会为常设机构。1985年更名为中国老龄协会（对外名称仍用中国老龄问题全国委员会）。

主要工作任务是：对我国老龄事业发展的方针、政策、规划等重大问题和老龄工作中的问题，进行调查研究，提出建议；开展信息交流、咨询服务等与老龄问题有关的社会活动，参与有关国际活动；承办国务院交办的其他事项和有关部门委托的工作。

2.5 全国老龄工作委员会

（http://www.cncaprc.gov.cn/）

全国老龄工作委员会是国务院主管全国老龄工作的议事协调机构，成立于1999年10月。现成员单位有：中组部、中宣部、中直机关工委、中央国家机关工委、外交部、国家发改委、教育部、国家民委、公安部、民政部、司法部、财政部、人力资源和社会保障部、住房和城乡建设部、文化部、卫生部、国家人口计生委、国家税务总局、国家广电总局①、新闻出版总署、国家体育总局、国家统计局、国家旅游局、总政治部、全国总工会、共青团中央、全国妇联、中国老龄协会等28个单位。

全国老龄工作委员会的主要职责是：

（1）研究、制定老龄事业发展战略及重大政策，协调和推动有关部门实施老龄

---

① 2013年，国务院将新闻出版总署、广电总局的职责整合，组建国家新闻出版广播电影电视总局。

事业发展规划。

（2）协调和推动有关部门做好维护老年人权益的保障工作。

（3）协调和推动有关部门加强对老龄工作的宏观指导和综合管理，推动开展有利于老年人身心健康的各种活动。

（4）指导、督促和检查各省、自治区、直辖市的老龄工作。

（5）组织、协调联合国及其他国际组织有关老龄事务在国内的重大活动。

2.6　中国老年健康基金

（http：//www.cahf.org.cn/）

老年健康基金是中国老龄事业发展基金会的一项专项基金，按照《基金会管理条例》和《中国老龄事业发展基金会章程》进行管理和运行。基金的宗旨是：遵守《中华人民共和国宪法》和中国老龄事业发展基金会有关基金的管理办法和制度，争取海内外关心中国老年健康事业的团体、个人的支持和帮助，积极推进中国老年健康工程，促进中国老年健康事业的发展。"中国老年健康基金"的募集，主要由本基金发起人、政府支持、社会爱心人士、国内外法人和自然人的捐赠、组织开展专项筹集活动及合作项目募集、基金增值收益及其他合法收入等构成。

2.7　中国老年学学会

（http：//www.chinagsc.org.cn/）

中国老年学学会（Gerontological Society of China）由从事老年学研究的专家、学者，从事老龄工作的单位和个人以及支持参与老年科学事业的企业家志愿结成，依据国家有关法律、法规成立，经国家民政部注册登记的非营利性的法人社团组织，是从事老年学研究和智力服务的全国性群众学术团体。

研究领域是老年学，主要学科有老年生物学、老年医学（包括老年护理学等）、老年心理学和社会老年学（包括老年人口学、老年经济学、老年社会学等）。

主要任务是：组织和指导会员进行老龄问题的社会调查，促进各个学科的老龄科学研究；推动研究成果应用于公共政策的制定和老龄社会的公共服务；开展老年学专业培训，向研究者、实际工作者、政策制定者传播老年学研究成果等。

2.8　中国老龄产业协会

（http：//www.zgllcy.org/chanye/）

中国老龄产业协会是由从事老龄产业的养老服务、医疗康复、金融保险、生产制造、产品流通、科研教学、护理培训、文化旅游、经营管理等企事业单位、社会团体和相关行业的专家自愿组成的全国性、行业性的非营利性社会组织。

其具体业务范围是：研究制定老龄产业"行规行约"并监督执行，建立行业自律机制，提高行业整体素质，依法维护会员合法权益和行业整体利益；参与制定国家老龄产业发展规划，向政府部门提出有关产业政策、经济立法等建议；受政府委托，参与老龄产业重大投资、开发项目的前期论证，协调对项目建设和运营的监督管理；经政府部门批准，在相关部门业务指导下参与制定、修订、评定涉老服务机构、生产企业的相关标准，参与行业服务和质量的监督管理工作；组织实施服务项目和产品的认证、评估、鉴定、推广；组织产业调查和行业指标统计及成果的开发应用；配合政府部门进行为老服务相关职业技能的鉴定考核；组织行业内有关评选表彰活动；建立老龄产业信息网络，按照规定编发行业刊物；组织会员研发老年产品，引进、推介国外优质同类产品；开展从业单位、社会组织间的国际合作交流活动，考察、借鉴先进经营模式及管理经验；根据需要举办交易会、展览会；组织从业人员的各类培训等；受政府部门或其他有关单位委托，承办与老龄产业有关的工作。

其中，老年产业联盟门户网站——中国国际老年产业联盟网
（http://www.isiu99.com/）

2.9 中民老龄事业发展基金管理委员会

（http://www.zmaf.org.cn/）

中民老龄事业发展基金管理委员会成立于2011年1月，是在中华人民共和国民政部登记注册的公益社会组织，是中国社会福利基金会主管的全国性公募涉老专项基金管理机构。

自20世纪末我国步入老龄化社会以来，特别是随着近年来老龄化进程日益加快，老龄工作和老龄事业已引起党和政府的高度重视及社会大众的广泛关注。在此背景下，为了贯彻落实中央关于老龄工作的方针政策，促进我国老龄事业的发展，中民老龄事业发展基金管理委员会积极响应国家号召而成立，在中国社会福利基金会的领导下，将通过致力于开展面向广大老年人的项目和活动，推动实现"老有所养、老有所医、老有所教、老有所学、老有所为、老有所乐"的发展目标。

中民老龄事业发展基金管理委员会的业务范围是：开展和资助有利于老年人福利事业的宣传和社会公益活动；项目资助，接受捐赠，面向全国开展有利于老年福利事业的募捐活动；支持、推动并组织实施老年人问题的研究工作；开展与其他同

类组织的合作、交流活动。

2.10 北京市老龄问题研究中心

北京市老龄问题研究中心于1999年5月成立，是北京市老龄协会下设的老龄问题研究机构，旨在调查研究北京市人口老龄化现状、发展趋势及给社会经济发展带来的影响，为老龄问题研究提供基础数据资料，建立理论框架。

研究中心组织、联合北京市科研单位、大专院校力量，从老年人口学、社会学、经济学、医学、心理学及社会保障、权益保障等多学科、多角度开展研究，了解老年人的各类不同需求，制定本市老龄事业的近期、远期发展规划；针对老龄人中普遍存在的难点问题，联合有关部门进行调研，提出建议；组织开展国内外学术交流活动，汲取有益经验，改善和加强老龄科研队伍建设，提高研究水平。利用和收集国内外老龄问题研究成果、信息和资料，编印《北京老龄问题研究》，处理、汇总各类调查数据，逐步建立起资料库；目前，研究中心正加紧筹建"北京老龄"网站（http://www.laoling.com），使之成为北京老龄工作与老龄研究对外交流与合作的窗口。

2.11 北京大学老龄健康与家庭研究中心

（http://web5.pku.edu.cn/ageing/）

北京大学充分利用其社会科学与自然科学在老龄健康与家庭研究方面人才济济的优势，于2001年5月成立了跨系、跨所的"北京大学老龄健康与家庭研究中心"，旨在推动我国老龄健康与家庭研究、社会实践探索与人员培训及学术交流，旨在推动我国老龄健康与家庭的研究、学术交流、人员培训和社会实践，为我国进入老年型人口国家行列之后的社会、经济、家庭及个人的健康发展，不断提高人民生活与生命质量做出应有的贡献。

2.12 清华大学老年学中心

清华大学老年学中心将致力于探讨和认识人口和个人老龄化过程和规律，促进个人晚年生活的成功和老年人群对社会生活健康和积极的参与。作为一个研究和教学相结合的机构，旨在实现的目标：

为跨学科、跨专业的老年问题基础研究提供充分的理论建设环境；

开设各类适应老年社会需要的教育专业并承担对各类专业人才的老年学培训；

组织和协调校内外老年学研究项目和活动；

成为老年社会政策的思想库，为有关部门制定老年政策提供科学的依据和建议。

2.13 杜克大学·中华人口与社会经济研究中心

http://web.duke.edu/cpses/cpses.htm

杜克大学于 2000 年 7 月 6 日正式建立"中华人口与社会经济研究中心"。该中心的宗旨在于：推进美国国内与国际关于中华人口与社会经济的研究与培训。该中心研究与培训的地理区域范围：中国内地、中国台湾、中国香港以及包括美国在内的全球各国各地区华人社会。该中心主要目标之一是建立一个有助于加强各国各地区从事中华人口与社会经济研究与培训的合作与交流的全球性网络。

2.14 上海市老龄科学研究中心

（http://www.shrca.org.cn/）

上海市老龄科学研究中心成立于 1993 年，是上海市老龄工作委员会办公室领导下的事业单位，其宗旨是贯彻理论联系实际的原则，致力于老龄化社会的老龄问题和老年学的理论研究和应用研究，在社会主义市场经济体制下，探索人口老龄化出现的新问题，寻找解决问题的新方法，为政府及有关部门制定老龄化对策措施和深入开展老龄工作提出科学依据和对策建议。

上海老龄科学研究中心机构设有：老年人口学研究所、老年经济学研究所、老年医学研究所、老年社会学研究所、老年心理学研究所、老年中风防治研究所。

"中心"组织召开的国内外大型研讨会：

1994 年 10 月，举办"1994 上海家庭与老人研讨会"；

1996 年 6 月，举办"迈向 21 世纪老龄问题研讨会"；

1997 年 10 月，举办"迈向 21 世纪老龄问题国际研讨会"；

1998 年 11 月，举办"老人与发展"全国性研讨会；

1999 年 10 月，承办"1999 亚太地区老年消费研讨会"；

2000 年 11 月，承办"1999 上海老年人照料体系国际研讨会"；

2001 年 10 月，主办"第二届华裔老人国际研讨会"；

2002 年 3 月，举办"中国长江三角洲地区养老模式暨中外比较研讨会"。

2.15 全人艺动——长者

（http://www.art-for-all.org/0402elderlies.html）

全人艺动亦十分关注长者需要，2003—2004 年，为长者举办《戏膳艺传》戏剧活动，取得相当成果，并与长者之间建立了十分密切的联系。2010 年出版的《老爹妈思厨》将《戏膳艺传》活动中长者们过往的经验重现在新一代的眼前。此食谱与坊间烹饪书刊不同之处在于每一道菜色的背后，都记载着主人翁动人的故事。

自2011年开始，"全人艺动"在东华三院赛马会复康中心举办"老爹妈回忆匣"的活动。通过音乐、绘画和游戏等活动，为不同能力及患有早期失智症长者服务，让他们重拾过去的记忆和重新与所身处的社区建立联系。这个活动的成果——"老爹妈回忆匣"展览在2012年举行。

2.16 愚公众益老年公益研究中心

（http：//www.yukongwelfare.org/）

愚公众益老年公益研究中心（简称"愚公众益"）成立于2010年2月，是一家致力于老年产业服务与研究工作的公益性社会企业。旨在构建一个服务于老年群体的行业综合信息化网络平台，以老年群体的生活需求与心理需求为出发点，通过联合权威机构开展老年服务领域专项研究工作，建立领域内细分程度高、专业性强、涵盖内容广的强大数据库，为政府机构、同业组织提供相应工作支持；为政府部门针对我国老年群体的宏观政策及地方法规的建设、健全老年人社会保障制度、完善城乡老年人服务体系，实现"老有所养""老有所乐"的社会宏愿贡献自己的一份绵薄之力。

2.17 华龄老年产业控股集团有限公司

（http：//www.hl60.com/index.php？option=com_content&view=frontpage&Itemid=1）

华龄老年产业控股集团有限公司是在国家民政部、全国老龄工作委员会办公室指导下，专门从事老年产业的研究、投资、开发与运营的综合性企业集团。集团包括十余个子公司，4个中心机构，3个研究单位。主要业务涉及金融投资、老年地产、家居智能、信息科技、健康医疗、旅游休闲、农业生态、商业物流、物业管理、国际交流、文化传媒、培训认证、理论研究等领域。

国情所需，顺势而为。华龄集团作为我国应对人口老龄化问题的探路者，不断探索，坚持科学发展与改革创新，以服务老龄为根本，统筹规划、合理布局、综合施策，搭建出多个强势业务板块彼此协同、相互支撑的发展格局，让老年产业体系形成内部循环、内生发展、自我增值的发展模式，注重多产业协调并进，平衡发展。打造具有中国特色的新型养老产业精品品牌。

华龄集团始终秉持"福泽白首、心系天下"的企业宗旨，传承民族孝道文化，弘扬中华敬老爱老的传统美德，全力发展老龄事业。为实现老有所养、老有所医、老有所教、老有所学、老有所为、老有所乐的目标努力奋斗。为我国应对人口老龄化与构建和谐社会做出积极的贡献。

2.18 耆乐融融

（http：//www.qlrr.org/）

北京耆乐融文化发展有限公司（又名北京耆乐融老年文化中心），是一家服务于空巢家庭老人、隔代家庭老人和随子（女）迁居老人，专注于老年精神关怀、代际互助与融合等精神养老公益服务的社会创新组织，目前开展的公益项目主要有"一本相册"空巢老人精神关怀公益计划和"祖孙乐"代际融合公益计划。

耆乐融开展的精神养老公益服务，以老年人的精神文化需求为导向，通过生活化、人文化、趣味化的服务内容和参与式、互助式、自主式的服务方式，协助老年人享有精神陪伴、情感交流和人文关怀，提升老年人的身心健康和生活质量，倡导敬老助老文化，促进代际互助融合，助力更多老人快乐生活，耆乐融融。

3. 为老设计研究机构与大赛

3.1 Design with People

（http：//designingwithpeople.rca.ac.uk/）

Design with People 是由英国皇家艺术学院的海伦·哈姆林设计中心创立的，它是基于设计相关网络资源的共享平台。针对真实的人，通过探索一系列日常生活活动，检查设计方法，参考道德实践的开发协议，并贡献自己的想法。

网站在以下四方面展开：人——满足真实的人的需求；方法——选择正确合适的方法；活动——观察用户的生活，从中寻找有价值的信息；道德——在设计和研究的过程中需要有道德标准。这些可以为老年人研究与设计提供参考与帮助。

3.2 自由空间教育基金会

（http：//www.ud.org.tw/web/index.php）

我国台北市自由空间教育基金会是由唐峰正先生 2005 年所发起的，邀请研究身心障碍运动、城乡规划、建筑、室内设计、工业设计、文化、教育等专家学者共同参与。其宗旨就是推广通用设计观念，创造自由空间。

本会从人权基本教育，推动人文发展为宗旨，以"自由空间"结合通用设计理念为经，平等公义普及环境改善为纬，创造健康、舒适、安全的生活空间品质，进而全面提升人民的心灵自由来呈现真、善、美的生命教育价值，共创和谐永续进步之社会为目的，并办理下列业务：

(1) 举办以教育机构之人员及学生为对象之"通用设计奖"竞赛,与推广"自由空间"理念之研究、座谈、演讲等公益性活动。

(2) 推动 UD 商品市场机会,特设立 UD 百科网站平台 www.ud100.org.tw,让大众能有更多好用的 UD 商品可选择。

(3) 制作、出版或发行符合"自由空间"理念之教育创作艺术产品。

(4) 与相关产业合作研发"自由空间"理念的教学设施与器材。

(5) 协助办理有关老人、妇女、儿童、身心障碍者改善社区生活空间之相关教育活动。

(6) 办理各项"通用设计"教育研讨。

(7) 其他符合本会宗旨之相关活动。

3.3　Universal Design Award(台湾通用设计奖)

(http://www.ud.org.tw/web/award/about.php)

我国台湾通用设计奖是由台北市自由空间教育基金会组织的,自 2006 年起吸引了无数优秀的学生参加,更多次获得世界设计大赛的肯定,使台湾通用设计在国际上被重视。台湾通用设计奖每年一届,历年主题如下:

2006 年主题:食

2007 年主题:净

2008 年主题:衣

2009 年主题:厨事

2010 年主题:以住居为范围的相关器物、产品或富含创意的提案

2011 年主题:住居空间

2012 年主题:移动

3.4　德国 IF 设计大赛

(http://www.ifdesign.de/)

IF Design Award(IF 设计大奖)由德国 IF(International Forum Design)汉诺威国际论坛设计有限公司主办,诞生于 1953 年,至今已有 60 余年的悠久历史。它以振兴工业设计为目的,提倡设计创新理念,每年都会召开国际性竞争大赛,被公认为全球设计大赛最重要的奖项之一,在国际工业设计领域更素有"设计奥斯卡"的美誉。伴随着"德国制造"在世界赢得的信誉,IF 的影响力逐渐扩大到全世界的众多企业,在设计师的心目中也有着举足轻重的地位。

其中的一项参赛类别医疗类，包括器械与设备、医院家具、实验室设备、实验室家具、医疗诊所家具、康复与护理等的设计，在老年人健康医疗产品设计方面有很大影响。

3.5 德国红点奖（Third Age）

(http：//www.red-dot.org/)

红点奖（Red Dot Award）源自德国。起初，它纯粹只是德国的奖项，可以一直追溯至1955年，但它逐渐成长为了国际知名的创意设计大奖。现在，可以说Red Dot已是与IF奖齐名的一个工业设计大奖，是世界上知名设计竞赛中最大最有影响的竞赛之一。每年，由设在德国的Zentrum Nordhein Westfalen举办的"设计创新"大赛进行颁奖。评委们对参赛产品的创新水平、功能、人体功能学、生态影响以及耐用性等指标进行评价后，最终选出获奖产品。

其中就有专门针对老年人设计的参赛类别：第三龄（Third Age）设计，专为50岁以上男性和女性设计的装置、设备、产品，以鼓励他们积极地生活。

3.6 美国IDEA工业设计奖

(http：//www.idsa.org/)

美国IDEA奖全称是Industrial Design Excellence Awards，美国工业设计优秀奖。

IDEA由美国商业周刊（*Business Week*）主办、美国工业设计师协会IDSA（Industrial Designers Society of America）担任评审的工业设计竞赛。该奖项设立于1979年，主要是颁发给已经发售的产品。虽然历史不长，却有着不亚于IF的影响力。作为美国主持的唯一一项世界性工业设计大奖，自由创新的主题得到了很好的突出。每年由美国工业设计师协会从特定的工业领域选出顶级的产品设计，授予工业设计奖（IDEA），并公布于当期的商业周刊杂志。

其中参赛类别中的临床&诊断产品/工业&科技产品/外科&治疗产品/家庭护理&自我保健产品/概念&原型等，每年都会有很多关注老龄人群的设计产生。

3.7 其他机构

美国little brothers老年人公益组织

(http：//www.littlebrothers.org/)

美国老人/残疾人士相关组织机构网站导航

(http：//www.extension.iastate.edu/pages/housing/links_org-prog.html)

北卡罗来纳州立大学通用设计中心

(http：//www.ncsu.edu/project/design-projects/udi/)

台北科技大学 工业设计系暨创新设计研究所 通用设计研究室

(http：//140.124.81.36/)

美国 The Ronald L. Mace Universal Design Institute

(http：//udinstitute.org/)

美国 The Global Universal Design Commission (GUDC)

(http：//www.globaluniversaldesign.org/)

爱尔兰国家残疾局（NDA）的通用设计卓越中心（CEUD）

(http：//www.universaldesign.ie/)

美国波士顿 The Institute for Human Centered Design (IHCD)

(http：//www.humancentereddesign.org/)

布法罗纽约州立大学建筑与规划学院包容性设计和环境准入中心

(http：//www.ap.buffalo.edu/idea/home/)

美国俄亥俄州哥伦布市国家级示范通用设计生活实验室

(http：//www.udll.com/)

日本国际通用设计协会

(http：//www.iaud.net/global/)

2012 年奥斯陆通用设计，公共空间：激发，挑战和授权

(http：//www.ud2012.no/)

UDA 是美国印第安纳州的设计公司，关注建筑、室内方面的通用设计

(http：//www.udassoc.com/)

附录 2　老少联大学生公益组织

1. 老少联理念篇

老少联通常这么介绍自己：

一群青年人和老年人一起玩儿，一起乐，一起发现生活需要，一起探索解决方案，并将这些发现分享给社会（如附图 1 所示）。

附图 1　和老人在一起

社区科普行让大学生走进老年人生活，为老人家带去电脑、英语等科普服务的同时也第一次对老年人这个群体有了更具体而真实的认识。老少同乐会是老人家和青年人一起创想老年生活,老中青三代人的智慧和经验碰撞出许多有爱的创意。老少联调研则是专门针对老年人生活具体问题的调查研究,本着公益的目的,所有调查研究成果都将通过互联网共享,为老年人产品服务设计开发提供参考。

老少联通过反复地开展老年人需求、创意搜集和分享活动,去促进老龄化现状的改善。我们提供的服务包括:

【社区科普行】由大学生志愿者走进社区为老年人提供电脑等科普知识(如附图2所示)。

附图2　社区科普行之教老人用电脑

【老少同乐会】老中青齐聚一堂,开展以老年人需求与创造力为主题的创意设计沙龙(如附图3所示)。

【调研日志】老少联设定系列老年人需求与创造力相关的调查课题,通过研究日志的方式将成果分享给大家(如附图4所示)。

不同的人可以在老少联找到不同的价值实现方式,也收获不同的价值。

如果您是老年人,您可以到老少联的科普课堂学习新鲜知识,也可以到老少同乐会和热心的青年人一起开动脑筋,为提升老年生活品质发挥您的经验和才智;

如果你是大学生或者白领,你可以成为社区科普行志愿者,在工作、学习之余

附图 3　老少同乐会之设计活动

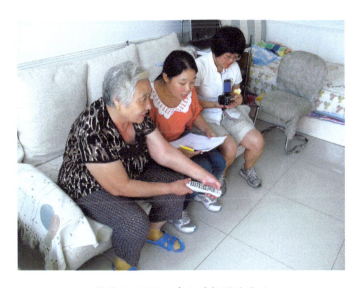

附图 4　调研日志之遥控器的使用

也可以来老少同乐会坐一坐，你的创意或许能为老人家的生活带来贴心变化，两代人的沟通也会令你受益匪浅；

如果您是产品/服务提供者，老少联真诚地建议您和老少联一起，走进老年人生活，去看一看，听一听。通过合作研究项目，让您所提供的产品或服务更受老年人欢迎。同时，老少联也可以为您的员工提供参与公益活动的平台；

如果您是研究者,欢迎您和老少联一起建构老年人需求与创造力研究的体系,尤其是方法论的建构,将为更多人加入这一有意义的行动提供可能!

2. 老少联案例篇

案例一:严肃的讨论会——"做个不倒翁"(如附图5~附图9所示)

关于老人摔倒的话题已经被提及很多,考虑摔倒对于老人的威胁,曾经很多人都在尝试通过设计报警系统来解决这个问题。老少联更关注摔倒发生之前的问题,即如何做可以尽量避免摔倒。

准备完关于摔倒的素材后,老少联组织了十几位老人进行了一场"研讨"。通过追溯导致摔倒的因素,并分类成环境因素、身体因素、心理因素等。老人用他们的亲身经历丰富了这些分析,并提供了很多个人关于如何提防摔倒的经验。除了摔倒之后的报警、救治工作,老少联认为对于摔倒致因的分析应当受到同样重视。

正是因为老人们的分享,我们对老年人摔倒问题的认知从躺在资料中的文字变成了活生生的故事,对于摔倒时的细节问题有了进一步的了解。在我们组织这场活动的时候,正好有一个学生团队想做一款老人摔倒后的报警APP,和很多同学一样,

附图5 讨论会现场

附录2　老少联大学生公益组织

附图6　挂着拐杖的爷爷向我们展示他的拐杖

附图7　老人向志愿者讲述自己的经验

附图 8　老奶奶们分享亲身经历

附图 9　田大爷积极发言

他们的一个误区在于坐在桌子前搞设计,对老年人摔倒的实际场景没有了解,完全根据自己的想象展开开发。

　　走出去,去看看老年人是怎么生活的,和他们聊一聊。老少联不止一次告诉这些想做老人产品的同学:老年人是一个很乐于分享的群体,尤其是面向年轻人。当你真的走近他们,让他们感受到诚意,他们会毫无保留地分享他们的真实经历和感受。如果我们被拒绝,最大的可能是没有摆脱"为了我自己的设计去了解"的态度,我们需要"为老人去思考"。

案例二:分享你的故事,设计我们的未来(如附图 10~附图 18 所示)

附图 10　老人讲述生活故事的线索——珍藏的物件儿

老年人是一个怀旧的群体,而他们珍藏的物件儿是了解他们的一个很好的入口。这次的"老少同乐会"主题就是"分享故事,设计生活"。

事先贴出活动通知,邀请老人带着珍藏的物件儿来参加。

准备活动材料:可作设计素材的旧书刊、剪刀、贴纸、大白纸、笔等工具,便于认识的铭牌,用于记录的摄像机、照相机,用于讲故事的乐高积木,因活动时间较长,因此还要准备些茶点。

迎接老人。活动当天,事先布置好活动场所,志愿者在活动室门口迎接老人,安排他们落座。

向参与者说明活动流程和目标。

请老人介绍他所珍藏的物件儿,做生活故事分享。

请志愿者介绍他的物件儿,做生活故事分享。

志愿者和老年人结为设计搭档,根据老人讲述的生活故事分组进行未来生活设计。

各组志愿者和老人一起展示他们的创意。

打开老人的话匣子不是件难事,但是让他们不跑题却很难,因此在做分享时给他们提供一个参照是很好的做法,比如本次活动中的物件儿。而向老人明确活动的时间要求也一样重要。出乎预期,这里的每位老人都有一个不寻常、值得了解的故事。

热衷养生。田大爷手工摸出来的健身球和每天的两万步是他的健康法宝,你能看出来他已经八十多岁并且曾经患有糖尿病吗?他跑遍北京各大医院去听健康讲座,成了社区里的防"糖"专家。

不落潮流。当你认为老人家都活在上个时代时，苏大爷可不干了。热衷电子产品的他不仅手机用得溜，连 iPad 也玩得转。他还知道很多修电器又便宜又靠谱的地儿，所以邻居有这方面的事儿都向他咨询。

附图 11　田大爷展示自己特殊的健身球

附图 12　苏大爷认真介绍随身携带的小音箱

附图 13　乐奶奶自豪地说着她的绘画集

爱好广泛。乐奶奶是田大爷的老伴儿，一位国画爱好者。为了学画，她提前退休，自学成才。她的画在国外著名的博物馆都展览过。不仅自己学，她还义务在社区教起其他老人家。

珍藏几十年的口琴、第一份工资存折、旅行达人的照相机、给孩子们嗑瓜子的小工具……如果我们愿意去了解，他们也愿意将珍视的记忆展现给我们，志愿者在此基础上得到的创意也更加富有人情味儿了。

附图14 珍藏了十几年的口琴

附图15 旅游拍照用的相机

附图16 第一份工资的存折

附图17 给孩子们嗑瓜子的小工具

(a)　　　　　　　　　　　　(b)

(c)

附图 18　学生和老人们现场的讨论结果展示

3. 老少联反思篇

走出去了解

对于一个年轻人来说，年老很多时候只是一个概念，它意味着身体机能退化，视力下降，听力损伤，腰背佝偻，腿脚不利索，孤独在家。或者很悠闲惬意，每天的生活就是逛逛公园、打打太极，让很多辛苦工作的年轻人羡慕不已。在我们做这些之前，我们也是这么想的，事实上并不只有这些。他们要应对身心变化，要面对退休后的不适应，要处理子女忙于事业和下一代渐行渐远的事实；他们也可以很乐观，很热情，发展很多爱好，结交很多朋友，继续享受生活。他们身上的生活智慧和很多传统的记忆,如果不去问津将变成我们的损失。

上面介绍的这些案例中,有些活动是应用 Living Lab 创新方法,也有大部分是老少联自己设计的。针对不同的命题,我们会去想如何能更好地达到效果,也因此进一步丰富了方法库。相信你也可以想到更好更可靠的办法。

一颗善心还不够,专业服务能力、运营能力是善心的保障。

虽然老少联在中外学术圈、设计圈得到很多好评,老人也很喜欢,但也不得不承认它的影响力尤其在大学生中的影响力还远远不够,这使得它的服务得不到更多人来参与,它的受益群体也将不会更多。同时,在需求调研上的专业能力也制约着老少联成为更具竞争力的机构,不利于它为老人带去更多友好用品的愿望的实现。独创的和老人一起关注需求一起创意的方式值得我们每一位骄傲;但在服务设计、团队建设和品牌运营上,老少联还需要多加油。老少联的豆瓣小站及微信公众账号二维码如附图 19 和附图 20 所示。

附图 19　老少联豆瓣小站

附图 20　老少联微信公众账号

附录 3　老年人手机可用性测试报告

1. 项目介绍

《老年人手机可用性测试报告》是北京邮电大学中芬 Living Lab 智慧设计实验室的一个项目课题成果。整体报告将分"项目介绍""项目前准备""项目流程""测试后总结及展望"四个部分。

老年人手机可用性测试是以两款专为老年人设计的手机为测试对象,通过老人实际使用中的眼动测试,来发现现有设计的可用性问题,为老年人手机的设计提出可供改进的方向。

2. 项目前准备

实验前,我们寻找了两款专为老年人设计的手机进行测试,其中一款是获得 2012 年 IF 工业设计大奖的首信 S798,价格 498 元;另一款是淘宝网"老人机"关键词下销售量排名第一的大显 GS2000,价格 139 元。两款手机都以文字大、按键大、声音大、SOS 求救功能等为特点,但其细节设计各不相同(如附图 21 所示)。

测试方法:组内对比实验,由参试人分别使用两款老人机,发现可用性问题。

测试平台:Tobii 眼动仪以及相应配合的 PC 机。

测试环境:光线稳定、安静的实验室,可以自由调整高度和方便前后移动的靠椅,合适高度的会议桌。

测试人员:测试主持人、观察者以及数据分析人员。

附图 21　测试手机：首信 S798 和大显 GS2000

测试准备：测试前问卷，测试任务卡。

3. 项目流程

为了寻找老年人对手机的真实需求，我们在测试前先通过访谈来收集老年人的手机使用习惯，寻找他们常用的功能，再以此功能为基点对两款手机进行眼动测试。同时还会将两款手机中为老人设计的几个亮点加入到测试当中。通过以上这些点来测试这两款手机是否真实地为老人带来便利。具体测试流程如下：

3.1　寻找老人真实的需求

我们先界定了"使用手机的老人"的概念，以确定我们寻找的用户群是否是两款手机的目标人群。测试前的访谈我们主要关注以下几个方面：① 使用手机的具体场景，常会用到的手机功能；② 手机内的文字能否看清楚，提示语是否清晰；③ 分别围绕拨打电话、接听电话、短信、通信录、设置等功能详细展开；④ 老人外出时习惯带的东西；⑤ 老人对紧急呼叫的看法（如附图 22 和附图 23 所示）。

汇集 4 名老人的实际访谈结果后，我们发现了以下几个问题（如附图 24 所示）：

（1）老人的手机多为子女换掉后的旧机器或是购买其他物品时的赠品，一般不会特意地去购买手机，使用习惯也基本是自己主动适应。

（2）老人使用的功能并不多，以拨打电话、通信录、短信等为主，部分老人会

附图 22　和老人一起研究手机

附图 23　老年人用手机

使用收音机或相机功能，但这由老人平时的习惯所决定。

（3）平时遇到的困难主要是屏幕文字过小，听筒声音小，不注意误触等。

（4）同时也会有个性化的要求，希望能把常联系的人排放在通讯录中靠前的位置等。

综合以上问题以及手机本身具备的亮点，将成为我们测试脚本的设计基础。

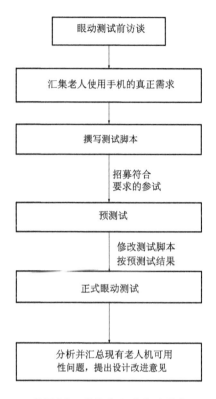

附图 24　寻找老人真实的需求

3.2　设计测试脚本

在获得老人的真实使用习惯后，撰写本次测试的任务脚本。脚本内容将把老人常用功能、常遇问题以及老人机设计特点有机结合，尽量将测试面覆盖全面。初期，我们准备了五个基本任务：拨打电话、通信录、短信、收音机和 SOS 功能。但经过预测试，我们取消短信任务，因为老人向我们反映，他们会经常看短信，但一般不会发短信，而且有部分老人基本就不会拼音。所以经过调整后，我们测试脚本如下：

任务一：最近化镜坏了，配好的新镜子还在商店没拿回来，准备拨打客服电话 10010 查询话费余额，拨通后打开免提听语音提示并查询话费余额，查询完后挂机。

任务二：余额还蛮多的，于是想着给通讯录中的朋友高文超打个电话，约下明天爬香山的事。

任务三：准备从手机上听听收音机，尝试用自动搜索换新频道，搜索完毕后，切换不同频道试听下，尝试了三四个，觉得没有找到喜欢的，退出收音机。

任务四：现场为老人展示紧急呼叫功能，并让老人实际上手使用下。

其中前三个任务为眼动仪测试，最后一个为用户使用后的主观评价，并且每个测试任务都会准备简单的访谈问题。撰写完脚本任务后，为每个任务设计任务卡。任务卡是给用户看的，方便测试。

3.3　进行眼动测试

进行眼动测试前，首先招募合适的参试，对参试最基本的要求是无眼疾，60岁及60岁以上，使用非智能机非老人机的手机，然后电话与老人安排好测试时间，准备测试。参试来之前，调整室内灯光，调试好眼动仪，设置相应参数，并打印好脚本及任务卡。

测试时，参试将分别使用两款手机进行同样的任务，同时为避免用户熟练度带来的问题，将进行组内交叉实验，其中一半用户优先使用大显GS2000，另一半用户优先使用首信S798。

老人来了后，需要先填写知情协议书，为本次测试保密，同时我们声明会为用户信息保密，所有信息仅用于研究使用。之后，让用户熟悉两款手机，为用户执行测试任务做准备。特别是介绍首信S798的基本操作，因为这款手机相对传统手机的交互方式有所改变，老人不一定能很快上手。

让老人坐在准备好的靠椅上，调整高低和前后距离，并让老人保持坐姿，准备开始眼动测试。测试前，向老人简单介绍测试过程，降低老人对机器的戒心，并说明我们只是通过机器观察他们的操作过程，避免老人详细追究眼动仪的追踪原理。

测试开始，主持人按照任务顺序向老人讲述第一个任务场景，用户明白后即可开始，主持人从旁观察并记录用户遇到的问题，用户完成后询问相应问题，以此类推进行前三个任务。之后主持人给用户演示第四个任务SOS紧急呼叫功能，由用户再尝试使用，并主观评价此功能。

测试结束后，给用户递送准备好的礼品，感谢用户前来测试。用户离开后，整理测试资料，保存眼动数据，并准备下一场测试。

3.4　测试问题汇总

经过6个用户实际体验测试后，将用户的眼动数据和访谈资料汇总，分析用户使用过程中遇到的可用性问题，并按各任务汇总如下：

3.4.1 拨打10010并查询手机话费余额

任务场景：最近花镜坏了，配好的新镜子还在商店没拿回来，准备拨打客服电话10010查询话费余额，拨通后打开免提听语音提示并查询话费余额，查询完后挂机。

经过测试发现以下问题：

首信 S798		大显 GS2000	
可用性问题	严重程度	可用性问题	严重程度
屏幕解锁困难 用户对现有解锁方式不熟悉，很容易忘记如何操作，屏幕提示并不能起到有效的提示作用	一般 经过学习可以解决此问题	屏幕解锁困难 采用的传统手机解锁方式，用户需要连续点按才可以完成屏幕解锁	严重 解锁预留时间过短，老人并不能及时按到#键
通话时，通过选项打开免提功能后并未回到通话界面，而是保持在选项页面内	严重 与用户常识中的菜单不同，基本所有用户都对打开免提后，不能按语音输入数字表示疑惑	双卡双待带来的是两个拨出按键，但老人会对两个绿色按键疑惑，只能随意尝试	严重 两个绿色按键让用户无从选择，产生疑惑
挂断前，用户需要先删除已经添加的数字	严重 红色挂断键不能直接挂断电话，而是默认逐个删除用于语音输入的数字		

用户在测试过程中，最先遇到的问题都是屏幕解锁困难，首信 S798 的侧键滑动开锁方式虽然方便用户操作，但老人有学习成本，需要适应；大显 GS2000 的解锁方式"解锁"+"#"虽然用户熟悉，但没有考虑到老人操作缓慢的因素，设置的点击"解锁"后预留时间过短，老人需要重复几次才能成功。

3.4.2 拨打通讯录中高文超电话

任务场景：余额还蛮多的，于是想着给通讯录中的朋友高文超打个电话，约下明天爬香山的事。

经过测试发现以下问题：

首信 S798		大显 GS2000	
可用性问题	严重程度	可用性问题	严重程度
用户寻找通讯录时，未找到菜单 用户测试时，不知道如何进入菜单页去寻找通讯录	严重 仅通过向上操作作为菜单入口，用户不易发现	拨出困难 双卡双待的两个绿色拨出键，上拨出键在当时场景下为选项功能，并不能直接拨出电话	严重 两个绿色按键让用户无从选择，产生疑惑
未尝试找到通讯录快捷键	严重 以挂机键作为通讯录入口，老人并不习惯，即使尝试也不会主动按挂机键		

3.4.3 进入收音机并完成自动搜索，切换几个频道后退出收音机

任务场景：准备从手机上听听收音机，尝试用自动搜索换新频道，搜索完毕后，切换不同频道试听下，尝试了三四个，觉得没有找到喜欢的，退出收音机。

经过测试发现以下问题：

首信 S798		大显 GS2000	
可用性问题	严重程度	可用性问题	严重程度
收音机搜索结果不明显 收音机自动搜索完并未向用户展示搜索结果	严重 用户仅仅看到搜索过程，但不知搜索到什么，大部分用户会继续尝试搜索，部分用户认为自动搜索每次仅搜索一个频道	收音机搜索结果不明显 收音机自动搜索完并未向用户展示搜索结果	严重 用户仅仅看到搜索过程，但不知搜索到什么，大部分用户会继续尝试搜索，部分用户认为自动搜索每次仅搜索一个频道

续表

首信 S798		大显 GS2000	
可用性问题	严重程度	可用性问题	严重程度
切换频道时，搜索结果以"新频道"命名，用户不会认为这是新搜索出来的频道	严重 "新频道"容易让用户产生歧义，应该直接以搜索结果命名，更直观	搜索完，切换广播频道失败 用户搜索完，尝试通过方向键切换频道，但均失败	严重 用户习惯通过方向键切换频道，但现有老人机都将方向键简化，仅保留了上下键，用户尝试几次均失败
退出收音机时，尝试按挂机键退出	一般 虽然收音机入口很方便，但初次使用的用户依然习惯从挂机键退出，需要用户主动适应		
切换频道过于隐蔽 用户会首先尝试按方向键来调整频道，但实际用户仅可以通过按数字键切换频道	严重 用户除了选项中切换频道，仅仅能通过按数字键切换。而用户却习惯通过方向键切换		

3.4.4 通过紧急呼叫功能联系子女

任务场景：现场为老人展示紧急呼叫功能，并让老人实际上手使用下。

经过测试发现以下问题：

首信 S798		大显 GS2000	
可用性问题	严重程度	可用性问题	严重程度
停止呼叫不方便	严重 其他人拿到手机后没有明确指示如何关闭紧急呼叫	紧急呼叫按键有点小，不容易摸到 用户担心紧急情况下，按钮小不容易摸到，不能达到相应求助效果	一般 随着年龄增长，老人的手部触感敏感度下降，需要考虑老人紧急情况下的情况
用户希望该功能更实用，能把病历显示在手机屏幕上	一般 紧急呼叫仅仅是求助的第一步，而老人岁数大了，病情各不相同，需要分别对待	希望把 SOS 换成汉字显示	一般 老人们对 SOS 的含义并不清楚，希望能换成汉字显示更直观一些

从整体看，老人们对两款手机的紧急呼叫功能都比较认可，但均都担心会误触到该功能，引起不必要的麻烦，同时老人也希望该功能能更起作用一些，可以综合 GPRS 定位、过往病历、紧急呼叫最近救护车等功能。

3.4.5 两款手机存在的整体问题

将以上问题汇总到一起，我们发现大显 GS2000 提供了过多功能，老人不一定会都使用到，而首信 S798 虽然精简了功能并进行重设计，但未考虑用户已有的使用习惯，用户迁移成本过高。

大显 GS2000 里，提供的双卡双待功能并不是老人需要的，而且还容易使得老人混淆两个绿色拨出按钮，不如去掉双卡双待功能，还原其本身应有的功能键，符合老人的使用习惯。延长解锁时间，给老人足够的反应时间。

首信 S798 里，将功能键与拨出挂机键混合到一起，容易使得老人迷惑，不知该如何操作，不符合老人已有的操作习惯，经过我们测试，老人在需要按"确定"按键时，老人都会疑惑要不要按拨出按键。屏幕缺少文字导航，老人迟疑是否按"确定"按键的另一部分原因，是因为屏幕的左下角并没有"确定"这个文字指示，虽然增大屏幕内的主要文字方便了用户查看信息，但为此省略了导航文字就会增加用户思考，不方便操作。

两款手机的共同问题是没有很好地尊重老人已有的操作习惯，现在 60 岁及以上老人已经普遍有手机使用习惯，而且老人对新鲜事物的接受过程比较漫长，所以进行老年设计时要很好考虑其已有的习惯。现有两款手机的问题是：减少方向键以增大操作区域，现有的用户已经习惯了上下左右四个方向键的操作方式，用户尝试时习惯按侧边进行左右横向选择（收音机换频道或短信选字），但均以失败结束，同时老人也不会很快反应过来是方向键缺少导致的失败；收音机搜索时不仅缺少足够的反馈，同时也和平时常见的收音机搜索操作方式不同，老人们在评论时都提到了希望能按"有线电视的搜索方式"进行，所以，设计搜索时若按照老人已有的习惯进行设计，将会使得操作更简单。

在访谈过程中，老人也提到了一些不错的点子，摘录如下：老人希望能够语音输入短信，因为现在老人都对拼音不够熟练甚至不会拼音，访谈中的老人要么不使用短信，要么以手写输入为主。老人希望有充电提醒音，现在手机待机时间长，有时就会忘了充电，希望能有个提醒。

4. 测试后总结及展望

经过这个老人机眼动测试，让我们不仅熟悉了眼动的测试过程，也对老人这个特殊群体有了进一步的认识。

整体看，老人对测试比较敏感，即使是高学历的老人也反感通过机器进行测试；同时老人的社交圈比较固定，对陌生人戒心很重，不愿意轻易尝试；普遍看，老人虽然对产品的忍耐度很高，但接受新鲜事物也慢，所以设计时若考虑老人已有的习惯，那将给他们带来惊喜。多观察老人操作的动作来辅助眼动、访谈测试的结果，老人不善表达，有些问题可以从老人的使用中体现出来。

关于测试方面，当老人难招募时，建议参与测试的老人帮忙推荐下一位参试，通过熟人来降低老人对陌生事物的抵制心理；与老人交流时，老人习惯说他们自己的故事，所以当老人不太愿意说产品时，可以适当地探讨他退休前的工作或者生活来调动老人情绪；把老人放在老年人手机设计的行列，让他们觉得是在出谋划策，而不是进行测试；老人的眼动轨迹比较难追踪，建议招募时尽量多寻找一些参试。

附录 4 十大可帮助老年人的高科技产品

2013年3月3日，美国财富杂志《福布斯》发布十大可帮助老年人的高科技产品名单，这些产品被乔治·梅森大学协助起居及老年人起居管理项目主管安德鲁·卡尔（Andrew Carle）称为"奶奶科技"，比如说远程监护系统Grandcare、医药管理装置MedMinde以及GPS定位功能的鞋子等。这些高科技产品将会让老年人的晚年生活更加幸福安逸。

有了这些高科技产品，我们不必再担心年迈的父母忘了吃药，或不小心摔了一跤，抑或是因为遥控器难用或不见踪影而错过他们最喜欢看的电视节目了。

1. 远程监护系统——Grandcare（如附图25所示）

这是一种可以远程监护独居老人的系统。该系统可以通过专门的传感器来记录老人在家中关键地点的活动情况。如果出现任何异常情况，系统会立即向监护人发出报警信息。

此外，Grandcare系统还可以提供远程医疗的服务功能，而且监护人还通过专用的电视频道或者选配的触控屏来发送文本信息或者图片信息（当然，这时就需要设备接入互联网）。

附录 4　十大可帮助老年人的高科技产品　　275

附图 25　远程监护系统——Grandcare

2. 医药管理装置——MedMinder（如附图 26 所示）

这是一种医药管理装置。通俗点讲，它是一种计算机控制的药箱，可以实时向老人发出视听提示信号。如果老人没有在指定的时间段内服药的话，MedMinder 药箱会在第一时间打通监护人的电话。

附图 26　医药管理装置——MedMinder

3. 紧急响应设备——5Star Urgent Response（如附图 27 所示）

这是一种非常轻巧的、可以随身携带的安全装置。它会在紧急情况下直接拨通 911 报警电话，当然也可以设置为"接通某个 911 的代理机构"。如果你不想劳师动众，它也可以设置为"打给某个护士"或者"某个朋友"。

此外，5Star 紧急响应设备内置在线 GPS 定位器，当携带者走失或者被绑架时便可派上用场（当然，如果是设备不见了，用户也可以很容易找到它）。该设备售价 49.99 美金，每月的服务费为 14.99 美元，另加 35 美元激活费。

附图 27　紧急响应设备——5Star Urgent Response

4. 三合一电话系统——VTech CareLine（如附图 28 所示）

VTech CareLine 系统包含三部分：一个适合老年人使用的有线座机、一个无线电话以及一个安全座，这三部分将会组建一个简单的安全系统，而且没有任何服务费。

附录4 十大可帮助老年人的高科技产品　277

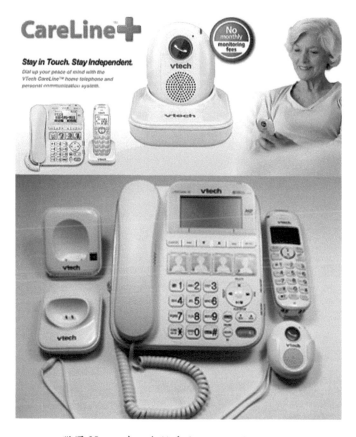

附图28　三合一电话系统——VTech CareLine

5. 走出指定范围就报警——GPS鞋（如附图29所示）

GPS鞋是医疗领域的最新作品之一，出自医用鞋制造商Aetrex Worldwide之手，并由上文提到的安德鲁·卡尔协助研发。它可以有效解决老年人的一些常见问题——患有阿尔茨海默病、喜欢到处闲逛、可能走失或受伤，因为这种鞋子中的GPS设备可以在穿戴者走出特定区域时向监护人发出警告。

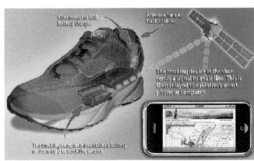

附图 29　走出指定范围就报警——GPS 鞋

6. 老年人开车必备——DriveSharp（如附图 30 所示）

DriveSharp 软件系统是由一家名为"PositScience"的公司开发的一种大脑保健程序。该软件系统基于 PC 游戏程序，通过这种训练大脑、视觉等有关部位的软件来降低老龄司机的事故率。

在美国，老年司机朋友可以通过保险公司免费获得 DriveSharp 软件系统，或者也可以通过 AAA 美国汽车协会获得，但是后者需要支付 49 美金。此外，通过登录"BrainHQ.com"网站，老龄司机们也可以得到 PositScience 全套的大脑训练教程（需要每月交付 8 美元的会员费）。

附图 30　老年人开车必备——DriveSharp

7. 老年人专用手机——三星 Jitterbug（如附图 31 所示）

三星 Jitterbug 是一款专门为老年人设计的手机产品。首先，从物理角度讲，它的按键设计非常大，这对于手脚不太灵便的老年人而言非常重要；其次，在软件方面，它摒弃了时尚的手机铃声功能，取而代之的是一种对于老人而言更为实用的操作协助功能。

该手机起售价为 99 美元，服务项目每月最低 14.99 美元（外加 35 美元激活费）。这些服务项目包括药物提醒、生活起居热线以及健康咨询等。

附图 31　老年人专用手机——三星 Jitterbug

8. 可以治病的衣服——"Smart"Clothing（如附图 32 所示）

"Smart"Clothing（"智能"服装）又称 iTextiles，这种衣服中包含各种传感器，可以用来监控穿着者的健康情况（比如说心率、呼吸、血糖等）。当这些监控数据出现反常或者超标时，系统会第一时间向监护者发出警告。

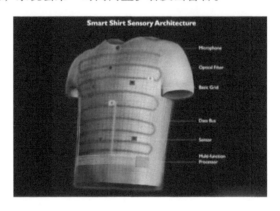

附图 32　可以治病的衣服——"Smart"Clothing

9. 无线耳机系统——TV Ears（如附图 33 所示）

这种无线耳机系统主要针对听力下降的老年人。通过该系统，TV Ears 可以让电视节目中的声音放大，同时还可以降低背景噪声。值得一提的是，当节目中突然插播广告时，它可以自动将声音变低。

附图 33　无线耳机系统——TV Ears

10. 不会再错过好节目——Tek Partner 遥控器（如附图 34 所示）

这种"工"字形通用遥控器体积较大，中间部分有一个启动按钮。对于视觉不是很好的老年人而言，这种遥控器很容易使用，而且不易遗失到某个角落。老人们喜欢的节目也就不会再无奈错过了。

附图 34　不会再错过好节目——Tek Partner 遥控器